小野壯彥 著　張佳雯 譯

経営×人材の超プロが教える
人を選ぶ技術

頂尖獵才公司的識人技術

無論工作、生活，只留對的人在身邊

前言

這本書以「識人的技術」這個概念爲主軸而寫成。

隨著人生經驗的累積，我越發深切地感受到，想追求成功，相較於創意或財務能力，「誰來做」更重要。

但這執行起來非常困難，過去也沒有人分享相關技術。

本書就以這個問題爲出發點。

我相信，只要了解本書提出的架構，掌握相關技巧，任誰都可以有方法地看穿一個人，並且有創意地識人、選人、用人。

除了運用於職場，也希望大家活用這些技術在各種場合識人、召集夥伴。

目次

第1章

工作、生活都需要「看人的眼光」

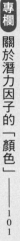

第3章 看透對方本質的實踐方法

第4章
成爲識人高手

第5章 不踩雷的智慧

第6章 職場選人的現況

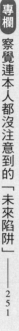

終章

「識人的能力」帶來至高的喜悅

你有「看人的眼光」嗎？

何謂「識人」？

我們常會聽到「他很會看人」，或是反過來「他不會看人」的說法。不局限於職場，在私人場合，例如選擇交往對象，也會聽到這種說法。

一般是用「看」這個字，但本書討論的是要看清並選出一個人，所以我認爲用「識」這個字會更接近。

「識」更有力道，表示是有意識地、積極地觀察對方。不只是視覺，還運用了多種感官。兩者有這層細微的差異。

想問大家兩個問題：

問題① 你覺得自己有「看人的眼光」嗎？

問題② 如果有科學方法可以增進這方面的能力，想不想學？

我在寫這本書之前，曾拿這兩道題目問身邊友人，做問卷調查。這些人很多都是在公司裡擔任要職的管理階層，甚至包含知名的經營者，帶領大型團隊、管理很多部屬的也不在少數。總共收到一百七十二份回覆。

結果如下。

首先，關於第一個問題：「你覺得自己有『看人的眼光』」嗎？」有六成的人答：「我覺得自己有看人的眼光。」

比例比我預想來得高。

既然如此，我推測對第二個問題有興趣的人應該會比較少。

但是關於第二個問題：「如果有科學方法可以增進這方面的能力，想不想學？」卻有八成以上的人回答：「我有興趣。」

這背後有什麼含義呢？

必須「判斷優劣」的狀況

- **想擁有面試時能看出最佳人選的鑑別力。**
- **打考績都是憑感覺，談不上科學性和再現性。**
- **能客觀評斷一個人的人眞的很少。**
- **對於教了也不會成長的部屬，希望能盡早認清。**

必須「判斷善惡」的狀況

- **曾經被信任的人騙了一大筆錢。**
- **曾經判斷錯誤，沒事先篩選掉有反社會人格的人。**
- **曾經僱用工作能力很強、但個性很古怪的頭痛人物。**
- **員工捲入工作以外的糾紛，實在很煩惱到底要怎麼看透人性。**

這是兩個方向完全不一樣的主題，但都是非常眞實的煩惱。

本書一開始的企畫，是以解決「判斷優劣」相關煩惱爲主要方向，但因爲大家的回饋，所以也加入「判斷善惡」，並在第5章闡述相關想法與技術。

「看人的眼光」可以鍛鍊嗎？

回到開頭詢問大家的問題：

「你有看人的眼光嗎？」

「你想提升這方面的能力嗎？」

「爲什麼呢？」

看了前面的問卷和回饋，如果能讓你有更具體的想法，那就太好了。

另一方面，不管我們再怎麼努力，都不可能知道一個人眞正的能力。

要辨別一個人的本性善惡也很困難。

我們只能按照自己的方式去做。
看到這，你想放棄了嗎？
但是，希望你能退一步思考。
懂得識人，日後不管對於公司發展，或是每個人的人生，都會有莫大的影響，是非常重要的能力。
然而，很多人都是靠經驗法則，或是憑直覺。
我以前也是如此。
「才錄取沒多久，又離職了……」
「又遇到渣男／渣女了……」
這也是人生。
雖然笑著說「順其自然」很簡單，但是以大局來看，不斷重複錯誤的選擇，不僅是對個人，對社會整體都是很大的損失。

儘管如此，關於這個問題，值得信賴的資訊、實踐手法、訓練方法都不夠普及。

這不是很可怕的事情嗎？

「這本來就是個沒有答案的世界。」

「看人的眼光是種感覺，沒辦法鍛鍊的啦！」

我彷彿可以聽到這樣的說詞。

但這些答案都是「NO」。

看人的眼光可以靠科學方法掌握，也可以鍛鍊。

我就是在總公司位於瑞士，宛若祕密社團的「億康先達」公司，學習並實踐這套做法。

鑑別人才的世界級頂峰集團

祕密社團，可以說是形容這家公司最適合的詞。

簡而言之，億康先達是爲大型企業挑選接班人、經營管理階層這種會左右公司命運的全球性獵才公司。說得淺白一些，就是「超高級獵才集團」。

主要的獵才對象是年收入一億、甚至數億日圓的高階經理人。

當然，只許成功不許失敗。

「他過去的績效非常出色，沒想到這麼不適合貴公司，我眞是看走眼了。」

這可不是道歉就能了事。

正因爲如此，億康先達的顧問必須徹底鍛鍊看人的眼光，訓練方法也非常成熟。

在競爭激烈的獵才世界培養出來的技術

我在三十五歲時成爲這個國際組織的一員，任職十年期間，不斷磨練自己看人的眼光。我面試過多樣的經營人才，遍布海內外，人數超過五千人。

經營管理階層評鑑服務，也是工作的一部分。

這與獵才，也就是從公司外部尋找人才的服務完全不同方向。這是對客戶公司內部的人員進行評鑑，並提供建議，比如誰具有未來性、該晉用什麼樣的人才，是深入大企業高層核心的特殊服務。

具體來說，通常是來自公司的董事長、社長、提名委員會的委託，希望從第三者的角度提供建議，評估誰適合成爲下一任的經營者。

以識人的角度來說，這比獵才的本業來得更純粹，會更深入一個人的內心層面。

在不允許失敗的狀況下，必須洞悉連本人都沒有察覺到的深層領域，看透一個人的本質與可能性。

這種壓力和所要求的精確度，以賽車來比喻，相當於以時速超過三百公里競速的Ｆ１賽事。

度過非常充實的十年之後，從億康先達畢業的我，夢想著可以將學到的方法、技術活用於社會上。

不過，在這樣特殊世界鑽研的「看人的眼光」，想要直接運用在一般職場選才，或是私人交往、擇友上，是有困難的。

這就像要讓Ｆ１賽車開在一般道路上一樣。

操控Ｆ１賽車的能力，對某些特殊人士是必要的，但大多數人都不需要。似乎不用勉強自己寫一本書……我每天就在這樣反覆煩惱中度過。

我寫這本書的兩個理由

某天，我跟一個知心好友外出喝酒。

聽完我的想法後，他這麼跟我說：

「在F1培養出來的技術，也可以用來製造更可靠、更節能的家用車引擎啊。」

我才萌生了這樣的想法：

「爲了選出經營者這種特殊目的而鑽研看人的眼光與技術，如果能夠轉化爲一般人都理解、運用的『家用車版』，不是很有意義嗎？」

我想，這是只有我才辦得到的事。

爲什麼我會這樣認爲呢？

有兩個理由。

理由① 離職者的身分

第一個原因是，我是難得的離職者。

怎麼說呢？

在一個專業領域工作多年，常常會爲我們帶來所謂的自尊，但這有時也會成爲一種枷鎖。

如果是億康先達的現職人員，面對的是世界一流企業與一流人才，自負心高，應該沒有興趣、也沒有動力寫一本給一般大眾看的書。

再者，包含億康先達在內的全球性獵才公司，離職者相當少（獵才本來就是非常小

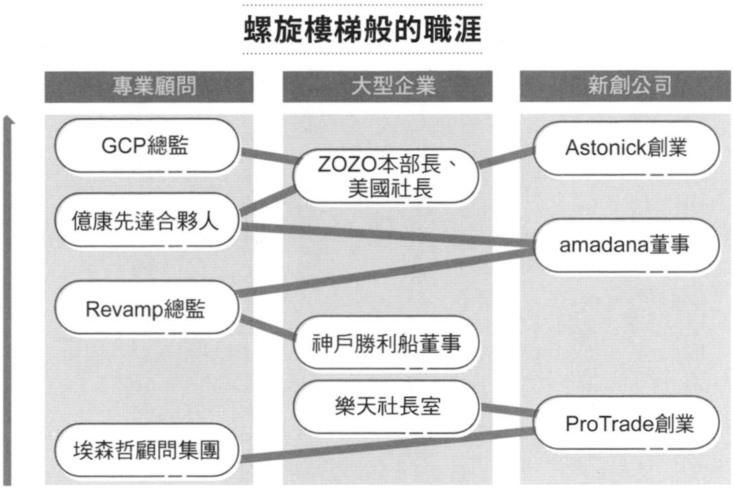

圖1　螺旋梯般的職涯

眾的產業）。

爲什麼大部分人不會離職？

在獵才公司工作有一個好處，那就是**人脈網絡效應**。

隨著自己的年齡增長，認識的優秀朋友也會越來越有成就。

「自己的年齡」與「社會影響力」有強烈的正相關。

我最後是晉升到合夥人這個最高職位，一旦成爲合夥人，幾乎沒有人會自請離職。我是在晉升一年後決定離開，在大家眼中是個怪人。

更重要的是，離職後，我可以立刻將所學投入實戰。

我的職涯呈現螺旋梯般的樣貌，

並非我刻意爲之。我就在「專業顧問職」「大型企業管理職」「新創公司經營者」之間不斷轉換（圖1）。

離開億康先達後，很感謝ZOZO前澤友作先生的延攬，在那裡，我錄用四十多位各個國籍的人才，管理兩百多人的組織。

離開全球性獵才公司，我才能夠客觀地審視自己看人的眼光，經過實踐，親自確認成效並加以調整。這就是我認爲自己應該寫這本書的第一個理由。

理由② 非主流人士的優勢

第二個理由是我在億康先達裡並不是主流人物。

全世界的億康先達顧問都一樣，擁有無可挑剔的經歷，正統派菁英匯集於此。只錄用擁有碩士或博士學歷的人，而且不會從競爭對手那邊挖角。

面試的愼重程度也是無可比擬。面試至少三十次（沒搞錯，不是三次！），一定要接受本國以外三個國家辦公室的評核，規定非常變態。

以我來說，經過米蘭、蘇黎世，最後面試地點是在倫敦。在有著都市綠地景觀、擺著小巧骨董望遠鏡的時尚辦公室裡，約翰・格魯巴爾董事長最後笑著跟我說了下面這段話：

「你是異數，但沒關係，還在容許範圍內。」

我曾經在二十七歲時創業，在商業世界的街頭打滾、受挫。西裝筆挺的時期只有在第一家公司的兩年半而已，之後就一直是牛仔褲和球鞋的打扮，穿梭在澀谷、原宿、六本木。離霞關、大手町、丸之內的菁英世界越來越遠。

我不走典型的菁英路線。

要在看似不穿一套三十萬日圓西裝就無法工作的頂尖獵才世界上班，對我也是一種冒險。

進入億康先達之後，有段時間我覺得自己好像身處迪士尼樂園，一直到離職那天爲止，那種在喬裝的感覺始終揮之不去。爲了掩飾不安，一開始在拍攝個人檔案照的時候，我還特地買了一副沒有度數的眼鏡來裝腔作勢。

我就是「異數」般的存在。

但異數，也代表能夠「客觀」。

在這個祕密社團裡，正因爲如同局外人般的存在，所以我不會視一切爲理所當然。這樣的自己，在那裡學到的經驗和知識不是高高在上，而能夠以客觀、一部分帶著批判的角度來審視。

我希望將這些經驗和知識盡可能編輯成任何人都可以運用的形式，並傳遞出去。

螺旋梯還在持續，如今，我又回到街頭的世界。

現在我是日本最大創投公司 GLOBIS CAPITAL PARTNERS 的一員，專注於投資後的成長支援、組織開發輔導，以及創業者的領導力培訓。

我做這份工作已經三年了，看著新創公司從一人到三人，從三人到十人、到三十人，員工人數呈指數增加，在時機這麼差的環境下，不對，或許應該說正因爲如此，我切身感受到過去在億康先達的經驗和技術帶來多麼大的幫助。

像這樣，在時間和空間上都離開菁英的世界，**在一般商業現場實踐並確立的**

「看人眼光」與「識人技術」，我相信，不只是大企業，新創企業或中小企業，從董事到一般員工、兼職員工，甚至是學生，都能夠充分運用。

看透他人，就是看透自己

說到這裡，我想來談談「看人的眼光」「選人的眼光」的意義。

爲什麼說每個人都需要這本書呢？

因爲**培養「看人的眼光」，最大的好處不只是讓所屬組織變得更好，更重要的是，我們可以讓自己變得更幸福。**

怎麼說呢？

首先，想提升自己看人的眼光，必須培養洞察「他人」的能力。

更進一步，還要有「這個人適合這份工作」「跟這個人結婚一定能組成美滿家庭」的判斷能力。

要培養出這樣的能力，需要經過試錯，掙扎，再修正。

在這個過程中，我們對於「自己」的洞察能力、判斷能力，自然而然也會變好。

我們會更了解自己，知道什麼適合自己。

老子有言：「知人者智，自知者明。」也就是說，看透別人的「智」很重要，但了解自己的「明」更有價值。

了解自己，會帶來什麼不同？

那麼，了解自己，跟變得更幸福之間有什麼關聯呢？

我們可以用「自我覺察能讓人重新發現適合自己的幸福」來說明。

「我不擅長這個。」

「我很擅長這個。」

「我有這種優點。」
「我有這種缺點。」

能夠像這樣正確、客觀、不帶偏見地審視自己、了解自己，就能恰到好處地設定對自己的期待值，以及他人對自己的期待值。

只要在這個基礎上努力，如果能超過期待值，就算只是超過一點點，自己和身邊的人都會很開心。

心情好，就會放鬆下來。
放鬆下來，就不會做不必要的事。
我們的人生會更純粹而簡單。

我們的人生會像符合自己身型的西裝，穿起來自在又舒服。

這樣懂了嗎？

也就是說，鍛鍊看人的眼光、識人的技術，我們的人生會更輕鬆、愉快。

人生轉瞬即逝。

在「磨練看人眼光的旅程」，有幸能陪大家走一段，甚感榮幸。

第 1 章

工作、生活都需要「看人的眼光」

「看人的眼光」可以用在誰身上？

人心森羅萬象，有各種面向。到底什麼是「看人的眼光」？

還記得序章的問卷調查結果嗎？

只因爲沒有看人的眼光，造成了多少不幸的事件。究竟「看人的眼光」可以用在誰身上？爲我們帶來什麼幫助呢？

本章會深入探討。

私人領域的人際關係

看人的眼光可以用在誰身上？

私人領域的人際關係

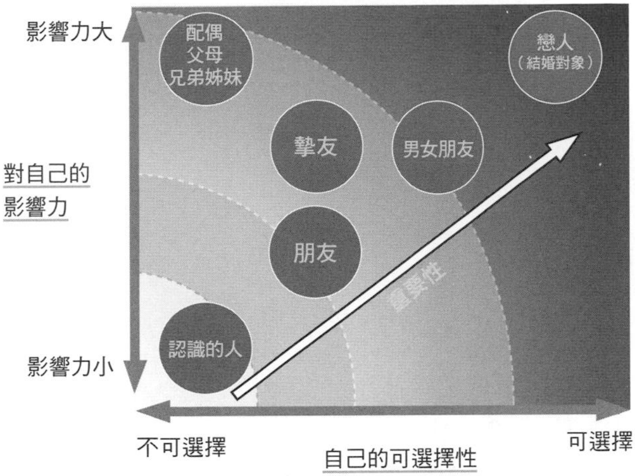

圖2　私人領域的人際關係（越往右上方，越需要看人的眼光）

適用範圍很廣，重要性則根據生活和職涯階段的不同而變化。這可以用圖表來說明。

如圖2，縱軸是**「關係者對自己的影響力」**，橫軸是**「在關係中自己的可選擇性」**。

在私人領域的人際關係中，對我們的行動和選擇有很大影響力的是配偶、父母、兄弟姊妹等「家人」。如果只是認識的人，則沒什麼影響力。

但是，基本上我們無法選擇父母和兄弟姊妹，所以看人的眼光派不上用場。認識的人也是如此，在我們做出選擇之前，關係就已經形成。

最需要看人眼光的是「戀人（結婚對象）**」**。因爲成爲配偶之後，想切斷關係相當麻煩，所以在成爲配偶之前的戀人階段，我們必須好好看清楚。

因此，雖然這本書是商業書，但有時也會夾雜一些戀愛題材，還請大家多多包涵。

「可選擇」，並不是「容易選擇」

這張圖表的一項特徵就是**「影響力與可選擇性大小成正比」**。以實際狀況來說，我們從無意中認識的人裡面，選擇處得來的當朋友，然後跟其中幾個人成爲摯友，或是成爲男女朋友，再從中選擇以結婚爲前提的交往對象。

也就是說，除了家人以外，人際關係的形成就如同爬樓梯般，我們會一邊評估對方，一邊建立關係，一步步往上。

橫軸的「可選擇」，並不代表「容易選擇」。正因爲選擇並不容易，所以單身的人才會越來越多。

職場菜鳥的人際關係

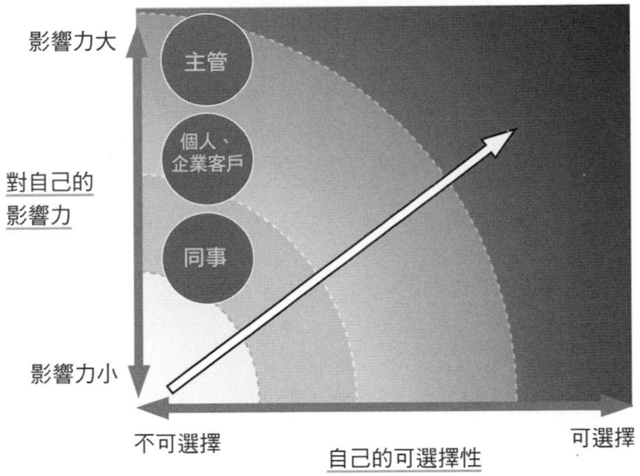

圖3　職場菜鳥的人際關係（越往右上方，越需要看人的眼光）

我們可以說，想擁有幸福美滿的婚姻，一定要磨練看人的眼光。請務必將本書運用於實戰上。

接下來是職場的人際關係圖。我會從不同的職涯階段，分析看人眼光的重要性。

職場菜鳥的人際關係

任何人都有「職場菜鳥」的時期，如圖3。剛進公司的時候，主管無法選，同事無法選，客戶大多也是上司或前輩交代你去處理。因爲沒得選，所以在這個階段你是否具備看人的眼光，對職場幾乎沒有影響。

但並不是說年輕的時候沒有看人的眼光也沒關係。考量日後的重要性，從年輕的時候就開始學習，絕對有幫助。

中階主管的人際關係

職場菜鳥經過經驗和歲月的洗禮，成為「中階主管」後，會有什麼變化？

從圖4我們可以看到，差異是出現了「部屬」，還新增了公司外部的合作夥伴、企業客戶等

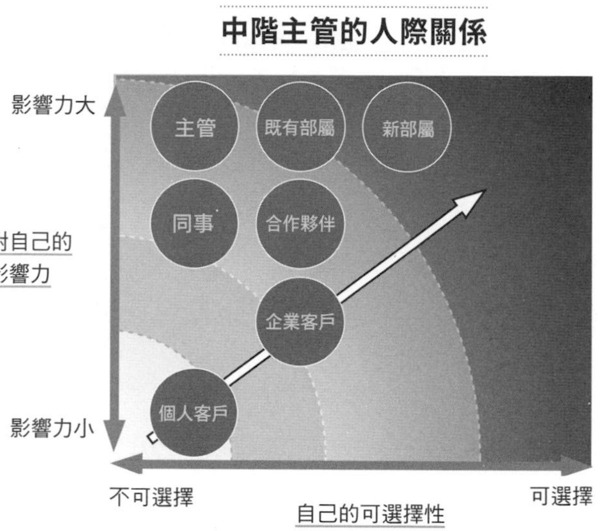

圖4　中階主管的人際關係（越往右上方，越需要看人的眼光）

經營管理階層的人際關係

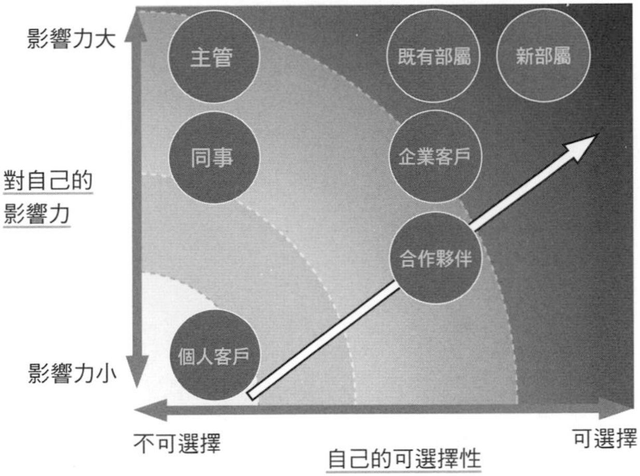

圖5　經營管理階層的人際關係（越往右上方，越需要看人的眼光）

「不得不選擇」的對象。

也就是說，成爲中階主管後，隨著自己能裁量的部分變多，也就越需要看人的眼光。

對中階主管來說，最需要看人眼光的就是**「錄用新部屬」**。

原來的部屬，不管優秀或平凡，都只能概括承受。但如果是自己錄用的新部屬，就不是如此了，萬一部屬犯了大錯，會被追究「這人是誰找進來的！」，責任非常重大。

但這終究也只是個人、部門程度的責任，**會影響公司整體的是圖5「經營管理階層」**。

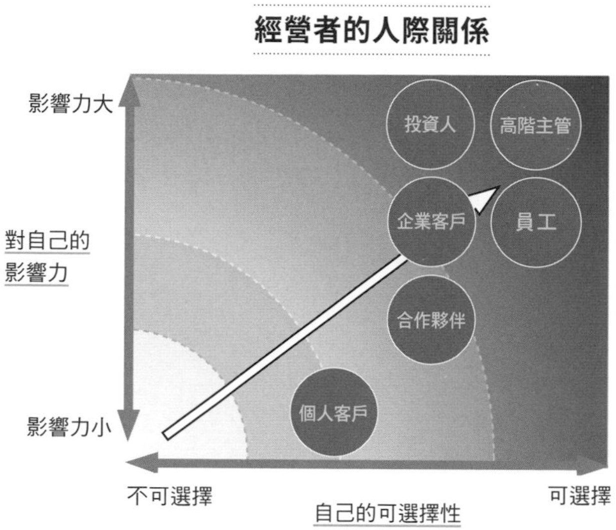

圖6　經營者的人際關係（越往右上方，越需要看人的眼光）

尤其是最上位者，「錄用新部屬」就不是錄用基層人員，而是從外部延攬或在內部晉升經理等掌握公司命運的重要職位。這是經營管理階層必須做的選擇，責任非同小可。

經營者的人際關係

最需要看人眼光的是圖6「經營者」。

投資人、客戶、合作夥伴、高階主管、員工等各種關係者都必須選擇。當然選擇並不簡單，一旦失誤也會造成莫大影響。正因爲如此，才凸顯億康先達這種顧問存在的意義。

看到這，你可能會認爲如果不當經營者，眞正意義上似乎不需要看人的眼光。這話一半對，一半錯。

因爲等成爲經營者就太遲了，看人的眼光不是一朝一夕就可以養成。

職場上任何人都要從進公司那一天開始磨練看人的眼光。希望大家明白，這是一個越早投入就越有利的比賽。

「看人的眼光」有何幫助？

接著，我們來思考，看人的眼光可以怎麼分解。

大體上，可以用兩大主軸來分解。

第一是評估對方的能力。不管是選擇職場夥伴或人生夥伴，都需要辨別**「人的優劣」**。也就是要辨別一個人**「有能力」或「沒有能力」**。

第二是評估對方對他人帶來的影響，辨別**「人的善惡」**。也就是要辨別**「好人」或「壞人」**。

我們看圖7。

縱軸「人的優劣」，區分爲「優秀」或「平凡」。

這裡所謂的平凡，是「排除優秀，剩下的全部」，涵蓋範圍非常廣。

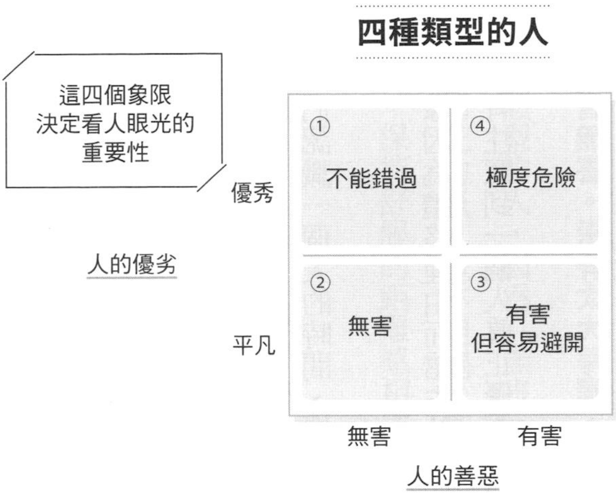

圖7　四種類型的人與應對方法

橫軸則是「人的善惡」。這是以對周圍的人「無害」或「有害」來區分，無關本人的意識。

如此可以產生四個象限。

接下來將針對這四個象限，說明「看人的眼光」可以帶來什麼幫助，又有哪些需要注意的地方。我們從左上開始逆時針一一說明。

他們原本就因爲能力平凡，很容易露出馬腳。只要我們沒有貪欲，就不會受到影響。

極端一點的例子，就像一些半吊子的黑幫或混混。的確，他們外表看起來很嚇人，一旦被纏上會很麻煩，但只要我們走正道，就與他們毫無瓜葛。發現這樣的人，不要接近就好。

君子不近危。會與這類型的人牽扯上，與其說是看人眼光的問題，不如說是個人行爲準則和良知的問題。

類型④「優秀但有害」的人

帶刺的玫瑰。難以應付，容易落入陷阱。

事實上，這是最麻煩的類型。雖然優秀，但總是對社會有很多抱怨，或是對身邊的人態度惡劣，散播負面言論。

這類型的人，有些人是因爲自我認同感低，會試圖透過貶低他人來保持心理平衡。有些人則是完美主義，自尊心高，共情能力低。

困擾的是，這些人很優秀。

因爲優秀，所以表面上獲得好評，但是背地裡人格低劣。如果本人是有自覺的，那麼不只會巧妙隱藏，甚至還會操縱印象。所以距離較遠的共事者，或是高層人士，對他的評價都很好。

不管古今東西，在組織的高層裡，總能夠看到這類型的人。我自己看過的例子，就至少有十人。

因爲優秀，業績亮眼、績效卓越，工作現場發生的問題便被淡化了。即使之後問題越來越嚴重，也因爲績效好，公司遲遲不願意做出根本性的處置，例如調離現職，甚至是辭退等。同時間，他造成的毒害已經在整間公司流竄，導致組織崩壞。有時，毒蜂一螫，也會讓巨象倒下。

私人的朋友關係也有類似的例子。

有些人雖然有令人質疑的一面，但是表面上相處愉快，短期間內也能從他身上得到一些好處，想斷絕關係也斷不了。然而，不久後卻被牽扯進麻煩之中。

大家多少都有類似的經驗吧。

如前所述，**四個類型中，最需要注意的是①和④**，也就是左上和右上區塊。看漏左上「優秀且無害」的人，如果是公司的話，會因爲錯失優秀人才而蒙受損失，如果是找結婚對象，錯失理想的伴侶，那就是人生的損失。右上「優秀但有害」的人，則是會默默埋下麻煩的種子，之後問題浮上檯面，就會蒙受致命的損害。

培養「看人的眼光」，就是爲了要辨識出這兩種類型的人。

我們的「優秀標準」其實很奇怪

縱軸「人的優劣」，其實很難判斷。

其中一個陷阱，就如同前述，**優秀的人，有時候會戴著「平凡」的面具出現。**我自己就有印象很深的體驗。

人往往會以外貌或經歷來評斷他人

其中一個體驗發生在我二十七歲創業的時候。我從事網路服務開發，聘僱一位工讀生S。當時他是個沉悶的大學生，曾經落榜兩次，留級一次，應該也沒有參加球隊或社團活動，不知道是有點營養失調，還是抽太多菸的關係，皮膚很差，是個很難形容的「普男」。

但是後來他卻成爲公司的要角，非常活躍。

我在半信半疑下錄用他當工讀生，他也無聲無息地融入團隊，不知不覺成爲吉祥物般可以開他玩笑的存在。他沒有明顯的鬥志，但是交辦的工作都會認眞完成。

之後，公司被樂天併購，他成爲正職員工，繼續勤勤懇懇地工作，最後在推動樂天點數專案中擔任要職。

對我來說，這是不能以外貌或經歷來評斷一個人最好的教訓。

還有一個經驗是與笠原健治的相遇。笠原先生是mixi的創辦人兼現任董事長。我當時創業的公司，和笠原先生的公司都是接受NetAge的投資。

事情發生在某一天。

「有個經營打工求職網站（Find Job）叫笠原的人，你可不可以跟他見一面？他是個頑固的學生創業家，完全聽不進我的話，實在讓人有點擔心。」

受到 NetAge 西川潔社長的請託，我漫不經心地前往笠原先生公司所在的公寓與他碰面。

我對他的印象是有熱忱，但不怎麼高明，有種「沒頭緒」的感覺，而且非常木訥，完全沒有領導者的風範。

但是，之後僅僅過了三年，公司因爲交流網站 mixi 開啓了重大突破。毫無疑問，笠原先生是一位眞正的「產品人」，已經成爲這個時代最具代表性的企業家之一。

「唉，我眞是沒慧眼，不識英雄。」

把自己以前多麼沒有看人眼光的事情公諸於世，實在很不好意思。但是我之所以不識英雄，共通的原因很明顯。

帶著偏見看人

那時候的我，只會用特定的評價標準來看人，而且是非常偏頗的標準。

我的經驗和知識都不足，卻「不懂裝懂」，擅自評斷一個人的優劣。

當時我對於優秀的定義，受到上一份在埃森哲集團工作時建立的價值觀很大的影響，認為一個優秀的人，一定是口才便給、有魄力、有朝氣。然而，不管是工讀生S，還是笠原先生，卻都是完全相反的形象。

現在回想起來，這兩位都是罕見地兼具「韌性」和「鈍感力」的人。新創公司最需要的，就是對於自己所相信的堅持到底，不論身邊的人怎麼說都不動搖的強大力量。不管做什麼，這都是成功的要素之一，現在我已經有深刻的體會。

同樣的，「有害標準」也很奇怪

跟辨識「優秀且無害」的人一樣，不，應該說，要辨識「優秀卻有害」的人更加困難。因爲眞正的壞人不會寫在臉上，很多還會假裝成好人。

我聽過一個非常極端的案例，是一位新創公司的經營者跟我分享的。某知名外商電商企業大張旗鼓地找來一位主管，他會三國語言，在前公司還得過董事長獎，履歷相當顯赫。然而，錄取了這位仁兄之後，他在短時間內挪用了公司數百萬日圓的資金，很快就被解僱。

以這個案例來說，光看履歷，這個人的確優秀，要辨識出他是會侵吞公款的有害人物並不容易。

事實上，他工作能力出色，給人感覺也不錯，但是幾位與他關係密切的員工，卻察覺到此人很可疑。

這種敏銳度應該被重視。

即使不是這麼極端的例子，世界上仍有許多人散發著強烈的「有害氛圍」，透過傳播壓力，對組織造成危害。必須及早辨識出這種帶有「毒素」的人，及早採取動作，如同癌症早期發現早期治療，才是上上之策。

如果能力平凡，還不至於造成危害。老實說，組織裡一定會有這類型的人，只要不過度期待，在早期階段不讓他們接觸關鍵業務即可。

畢竟對組織而言，有害的是態度惡劣、但能力出色的人，這會給組織帶來很大的傷害（詳情可參閱第5章）。

大家應該都能夠認同，辨別人的有害、無害，與優秀、平凡一樣，都是非常深奧的事。

無意識的「認知偏誤」蒙蔽我們的雙眼

學習看人眼光、識人技術，是爲了不要錯失「優秀且無害」的人，要吸引他們成爲夥伴。但爲什麼我們經常會錯失「優秀且無害」的人呢？

想要回答這個問題，就必須談談任何人都會有的**「認知偏誤」**。

結合學歷歧視與月暈效應的結果

簡單且經常發生的例子就是因爲學歷（經歷）歧視，引發稱爲**「月暈效應」**（因某一特徵性的印象影響整體評價的心理現象）的認知偏誤，讓我們錯失人才。

例如，即便是「國中畢業」或「高中畢業」，其中有學業成績非常出色，但是爲了繼承家業而沒有繼續升學的職人；也有同樣優秀，但是埋頭於研究電腦而沒有意願上大學的高中畢業生。

儘管如此，我們仍經常誤認爲「優秀＝學歷、經歷漂亮」。看到履歷表上大學欄位空白，就會陷入「高中畢業＝考不上大學＝不會念書＝不優秀」的草率思考模式。

「學歷歧視」本身就有問題，這並不難理解。**眞正可怕的是，學歷歧視很容易引發並結合月暈效應。**

例如，對於學歷不夠漂亮的人，只要有一點點負面印象（特徵性的印象），就會產生劇烈的影響，負面印象會迅速蔓延，掩蓋其他正面的特質。

這是招募面試失誤的典型案例，在各個時代和文化中普遍存在，即使經過培訓，這種失誤仍經常發生。

眞正優秀的人，原本有發揮長才的機會，卻被「月暈」這個名稱這麼美的認知偏誤所打敗，這是很悲哀的事。

「確認偏誤」造成錯失優秀人才

另一個有點類似、同樣發生頻率很高的例子，是因為**「確認偏誤」**而錯失優秀人才。

所謂的確認偏誤是指，人會在無意識中優先找尋支持自己意見與假說的資訊。這是大家或多或少都會有的認知偏誤。

舉例來說，在業務文化濃厚的公司裡，熱血的經理在無意識中要求部屬積極、熱血地發言，而忽視低調、內斂的人的優秀特質，不懂得利用。這種案例不勝枚舉，對於那些寡言、謙和，特質和自己不一樣的人，就會認為他們能力差。

確認偏誤的恐怖之處在於，一旦認為對方能力差，就會不自覺地一直去蒐集應證該印象的資訊。

確認偏誤的開關一旦啓動，偏見造成的誤判將一發不可收拾。

只是因為跟自己不一樣，優秀的人才就被歸類為平凡、能力差，看不見他們真正的價值。

「優秀且無害的人」的意外陷阱

稍微偏離話題，成功吸引優秀且無害的人成爲夥伴，也不見得問題都可以順利解決。

這種類型的人有一個陷阱。

那就是「失言」。

日本前首相爲什麼會失言？

日本前首相森喜朗就有過種種失當的發言，像是「日本是神之國」「用稅金去照顧那些沒生孩子的女性是不對的」「（淺田眞央選手）在關鍵時刻一定會滑倒」

等等。

我不認識森喜朗，也不是要維護他的言行，而是從他過去的工作表現來看，似乎是個「優秀的好人」。人氣高、反應快，又有行動力和決斷力，有利益糾葛的案子也能迅速推進。我也聽過身邊的人說過：「要是沒有森喜朗，東京奧運根本無法整合。」

但是，他卻有「服務精神過度旺盛」的問題。他基本上是個好人，對人沒什麼防備之心。腦筋轉得快，覺得這樣說會很好玩，便不知不覺多說了沒必要的話，是個心思完全藏不住的人。

表裡如一，卻也因此露出很多缺陷。

服務精神旺盛的人的特有習慣

某連鎖牛丼的前高層主管也是如此。他在一所大學以社會人士爲對象的講座中，說出「行銷就像讓少女染毒」的言論而讓人大爲反感。

這發言本身就很離譜，即便是玩笑話也一點都不有趣。會說出這種話的人，認知可能有很大的問題，但是在職場上，工作夥伴對他的評語卻是「優秀的好人」。

我跟他其實是熟識，受到他很多關照。他曾經參加單口相聲的落語研究會，熱衷於娛樂大家。我懷疑他那時候也是爲了炒熱場子而犯錯，在現場氣氛下，忽略了自己的價值觀和一般社會的落差。

管理，就是預先排除風險

希望大家不要誤解，我在這邊提出這兩位的失言，並不是想爲他們辯護。

近年來，選秀節目《Nizi Project》在商業人士之間蔚爲話題。這是一部能讓人感受到人情世故的優秀實境節目，製作人樸軫永在節目中說出口的金句，幾乎可以集結成冊。下面這句話道盡了一切：

「大家要成爲一個『不需要隱藏的人』。在鏡頭前不能做的言行舉止，在沒有鏡頭的地方也絕對不能做。別想著要小心，而是要成爲一個不需要小心、坦蕩

的人。」

容易失言的人，縱使是優秀的好人，是不是就不應該任用他擔任要職？任用他是否是個錯誤？

我並不這麼認爲。

人有各種個性和癖好。幾杯黃湯下肚就變豪邁的人、稍微有點錢就亂揮霍的人，有這些風險因子的人，如果全部都不能任用，那根本沒幾個人能當領導者了。這世界上沒有人是完美的。

我在億康先達的時候，也絕對不會說：「他有這種傾向，所以不要晉用比較好。」而是以「應該要注意」的方式陳述：容易失言的人，應該要如何應對、如何避免。這才是管理的意義。

不管是前首相森喜朗，還是連鎖牛丼的前高層主管，都是因爲沒看出他們的某些習慣，沒能在初期階段給予適當的指導。

這個人的價值觀和平常的發言，是不是跟這個社會有落差？在這個時代，如果發出不當的言論，在社群平台上會瞬間傳播開來，必須再三叮嚀。

「識人」的眞正目的

看出連本人都不知道的有害本性，並不是爲了揭露他人的本性，排除他人的缺點。

沒有人是完美的，每個人都是一邊閃躲地雷，避免陷入無法處理的困境，一邊努力生活著。況且，戴著「這個人可能會……」的有色眼鏡與他人共事，也是很沒有效率的事。

我們的目的不是排除或歧視，而是**「事先認清風險」**，然後一定程度地包容。萬一超出容許範圍，也要有腹案。預先做好準備，才是本質上的風險管理。

識人、選人，是爲了讓彼此幸福。

所謂的幸福，就是能夠彼此關係融洽地生活。

當然，人際關係裡面不可能全部都是好人，問題也會一再地發生。但是面對突發狀況，如果我們能夠有一定的預期和準備，應對方式會截然不同。

當問題發生時，能夠一笑置之：「唉~也是會有這種情況啦。」還是只能驚慌失措，將影響往後的人生。

再次重申，想擁有這樣的從容，就必須擁有「看人的眼光」。

從下一章開始，就要正式進入「識人的技術」的具體方法。

—專欄—

「沒有看人眼光」的誤解① 認爲是天生的

前面已經從各種角度闡述，沒有看人的眼光，對我們的人生和工作是多麼大的損失。

然而，許多人都沒有正面去面對這個問題，我認為這是最可惜的事。

許多人都認為，「那個人有看人的眼光」或「我沒有看人的眼光」是天生的，因此放棄努力。將其與運動白癡、音癡之類的混為一談。

會有這種想法，理由之一，可能肇始於人生早期曾經在識人這件事上吃過虧，長大成人後，仍然被過去的失敗經驗所牽制。

最常見的代表性案例，就是「戀愛」吧。

很多人應該是在十五到二十五歲之間開始認真交男女朋友吧。因為年輕，經驗也不多，容易找錯對象，讓自己承受痛苦。越是害羞、拘謹的人，不好的回憶就越揮之不去。

畢竟談戀愛時，經歷的情感很濃烈，這會形成高強度的「情節記憶」，深植於大腦，這很麻煩。

即便之後的戀愛經驗沒有那麼糟糕，早期的情節記憶也會因為隨便一點小事就被引發。

只是失敗幾次，就給自己貼上「我男人運很差」「我女人運很差」的標籤。或是被父母、朋友說：「你真的很沒有看人的眼光。」自己就真的這麼認為。最終，「自己=沒有看人眼光的人」的標籤，就在潛意識裡牢牢扎了根。

當大腦內建了這種機制，每次需要做有關人的判斷時，情節記憶就會自動跳出來。即使不是事實，大腦也會發出「你沒有這個天賦，放棄努力吧」的命令。

但是，請冷靜思考。

在我們經驗還不多時，就斷定自己沒有天賦，這是不是有點沒意義呢？

| 第 2 章 |

從四個「樓層」看出人的發展性

想提升識人的能力，我們可以把人視爲一棟建築物，分不同樓層。不妨想像成是一棟地下室很深的建築物。

一樓是「經驗、知識、技能」，地下一樓是「能力」，地下二樓是「潛力」，最底層的地下三樓則是「原動力」。

從地面上的一樓、地下一樓到地下三樓，逐漸往下深入。

這種建築物應該不存在於世界上，但請發揮你的想像力。我想像的是巴黎羅浮宮的玻璃金字塔，雖然外表看起來是玻璃金字塔，但是地底下卻大有乾坤。

我另外調查了一下，發現墨西哥建築家蘇亞雷茲在二〇一一年設計的「摩地大樓」。這是一棟倒金字塔型的超深層大樓，有地下六十五層樓，眞是瘋狂的設計（圖9）。希望可以幫助大家想像這種倒過來的大樓。

地面上是容易被他人看見與了解，也容易改變的部分。越往下深入，就越難被看到與理解，也越不容易改變。

順道一提，**「人是可以改變的嗎？」**這是非常大的議題，目前的共識是，有容易改變的部分，也有不容易改變的部分。

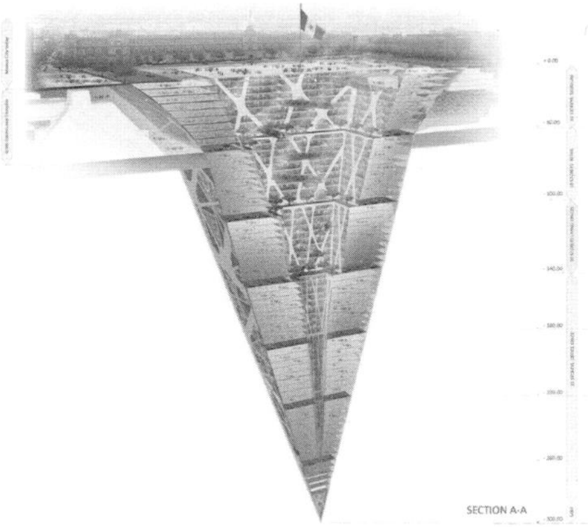

圖9　地下六十五層樓的「摩地大樓」

圖片提供：Bunker Arquitectura

以建築物來比擬人的內在，我們在看人的時候會比較容易。因爲更有邏輯、有方法。

請記住這個架構，並且有意識地試錯，累積經驗，之後你在看人的時候，就會看到他的內在宛如設計圖般浮現眼前。

是不是引起你的興趣了？

接下來，我們就依序「潛入」各個樓層。

地面上的「經驗」「知識」「技能」

一樓是容易看到、容易理解，也容易改變的東西，那就是**「經驗」「知識」「技能」**。

這些是相對表面的東西，從履歷表上很容易就可以看出來。只要如實傳達，不論是誰來看、誰來問，都相對不會出錯。容易理解、不會出錯，初學者也能很有自信地下判斷。

遺憾的是，幾乎所有的面試都只接觸到這個樓層就結束。確認履歷表上羅列的經驗、知識、技能是否符合公司需求，然後做個簡單的性向測驗。最後看看有沒有工作熱忱，然後就大功告成。這樣的面試真的很多。

只看建築物的一樓，就以爲看到全貌。

舉例來說，有個人在履歷表上寫「規畫熱銷的啤酒銷售策略」，他可能眞的締造了熱銷紀錄，但也可能只是團隊的一員，只是負責執行上頭交代的銷售方案。

「那個啤酒銷售策略原來是你做的。很厲害呢！」你一廂情願地將「經驗」擴大解釋，決定聘僱他擔任行銷主管，結果業績卻不見起色。

「怎麼會這樣？這個人到底是誰錄取的？」

這種招募失誤，經常發生在招募有工作經驗者的時候。

誤把只要有心思就能捏造出來的脆弱資訊，作爲重要的選才依據。

地下一樓的「能力」是什麼？

想看得更精準一點，就必須潛入「地下樓層」。那麼，地下一樓有什麼呢？那就是**「能力」**。

洞察能力，就能預測「未來的行動」

「能力」（competency）是人資領域經常使用的概念和手法，意思是**「績效優異者的行動特質」**。

一九七〇年代，哈佛大學心理系教授麥克利蘭，應國務院的委託，研究相同學歷、證照、技能、知識水準等（一樓部分）的外交官，爲什麼績效會有差異。因爲這個契機，麥克利蘭提出「能力」的概念，並且從一九八〇年代開始在美國人資領域普及。

所謂的能力，就是一個人「在什麼情境下，會採取什麼行動」，可以理解爲既定的行爲模式。

了解一個人的能力，就可以預測他**「未來的行動」**。

根據研究，人遇到類似的情境，往往會採取同樣的行動。

職場上，想看穿一個人，大概需要看五至七種能力，請參照圖10。

挑選經理級以上的主管時，最重要的是上方的「成果導向」「戰略導向」「變革導向」。如果時間不夠，只看這三項也可以。

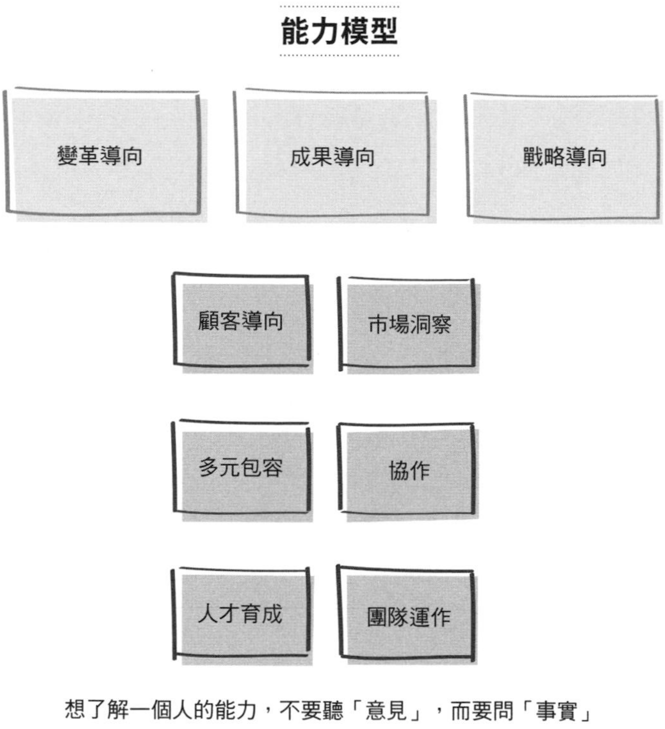
能力模型
變革導向
成果導向
戰略導向
顧客導向
市場洞察
多元包容
協作
人才育成
團隊運作
想了解一個人的能力，不要聽「意見」，而要問「事實」

圖10　能力模型

三大行動特質

第一個是**「成果導向」**。

當被交付一項任務時，低度成果導向者想的是：「好難喔，放棄吧。」

中度成果導向者想的是：「一定要想辦法達成目標。」

高度成果導向者想的是：「除了達成目標，還要超越目標。必須盡快開始，用逆推法設定階段性目標，並且一再取得成功。」

第二個是**「戰略導向」**，這也是實戰現場重視的能力。

低度戰略導向者想的是：「可以設定部門的戰略。」

中度戰略導向者想的是：「可以制定公司的整體戰略」。

高度戰略導向者想的是：「可以設定業界、產業的整體戰略」。

「想達成願景，要採取什麼方法？」

「要採用跟其他人不同的方式嗎？」

「可以走出屬於自己的道路嗎？」

「如何在競爭中做出差異化？」

第三個是改變事物的**「變革導向」**。

「該做什麼才能突破現狀？」

「該朝哪個方向改變？」

「怎麼做才能讓大家投入改革？」

我們要看出當中的具體性與縝密度。

其他還有與他人協作、人才育成等各種能力。

洞察對方能力的必要技巧

洞察一個人能力的必要技巧，就是**「以故事爲基礎的談話」**。

重點不是對方的「意見」，而是「採取的行動＝事實」

舉例來說，面試者在前一份工作中，曾經因爲部門內部的問題，影響與客戶的關係。這時，我們就要詢問他是如何解決問題，聆聽事件的經過。

○**「你那時候是怎麼解決問題的？」**

如果他的回答是：「我與同事協調，經營人際關係，最後解決問題。」就表示他具有「協作」「團隊」方面的能力。

如果他的回答是：「我重新檢視計畫，從根本防止問題再次發生。」就可以判斷他在「戰略」「變革」方面的能力應該不錯。

這個方法也可以用在找結婚對象時，我們可以試著跟對方說：「我想聽聽你自豪的故事，還有歷經辛苦的故事。」

對於對方講述的故事，不能只是聽過就算了，那很可惜。

關於辛苦的故事，如果他說自己在大學時代「和社團社長不合」，那只是「意見」，沒有實質意義。

我們應該**具體詢問：「你那時候做了什麼？」把焦點放在對方採取的「行動」，往下挖掘，如此才能獲取真正有用的資訊＝對方的能力。**

了解對方的能力，就可以預測，若未來兩人交往，遇到類似的狀況，他可能會採取什麼行動，能夠具體想像兩人的未來。

意見毫無意義，行動才是全部。

打斷再引導談話的技巧

要洞察對方的能力，有一個重點要特別注意。

那就是**先聽故事，再以此辨別能力。**

如果反其道而行，一定會失敗。

× **「你是戰略型的人嗎？」**

× **「請說一些能顯示出你具備戰略思考的例子。」**

像這種問法，對方一定會配合找出相關的話題。

這就像第一次約會就問人家：「你是個誠實的人嗎？請舉出相關事例。」非常殺風景，而且對方可能會捏造一些故事。

爲了從故事中洞察能力，更具體的方法是先請對方談談「自豪的事」，出現有關你想要了解的能力時，可以稍微打斷，詢問以下問題來深入挖掘：

○ **「不好意思，這部分可以再多說明一點嗎？」**

○ **「具體來說，你是怎麼做的？」**

很多人認爲，打斷談話很沒有禮貌。

但要是錯失時機，對方的思緒已經飄到其他地方，我們將失去直搗核心的機會。因此，不要害怕失禮，有必要就打斷談話，才是好的面試。

「爲此你做了什麼？」「爲了成功你特別在什麼地方下功夫？」請不要客氣，主動參與，大膽插話。

但要注意，不要讓場面變得像是在審問。炒熱談話氣氛，然後在好奇心的驅使下，插入相關問題。

地下一樓的景色如何呢？不同於地面上的景色，這部分比較不容易看到，但是更接近本質，運用幅度更廣。

一旦我們掌握準確評估「能力」的技巧，即使面對的是運動選手、藝術家、廚師、藝人等非白領的職業，也能夠**具體了解爲什麼他們會成功。**

到達這個境界，就大功告成了。

談戀愛也是如此，了解對方的能力與不足，才能夠發展成互相彌補、互相感激、互相分享的美好關係。

神祕的地下二樓是人的「潛力」

接下來，終於要踏入本書的核心深層世界。

能力再深入之後，究竟有什麼？幾乎對於所有的人來說，那都是未知的世界。

如同序章所述，這是F1賽車的世界，而我想讓F1賽車的技術，也能運用於一般道路。

倒入杯中的水

前面提到，人有「容易改變的部分」和「不容易改變的部分」。

將人比喻爲杯子

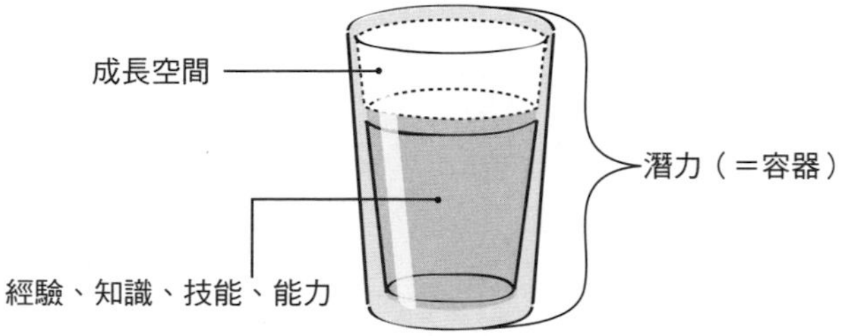

圖11　將人比喻為杯子

地面上的經驗、知識、技能，還有地下一樓的能力（行動特質），都是透過學習與體驗形塑出來的東西，會隨之變化。

也就是倒進杯中的水。

那麼，杯子本身呢？就是**地下二樓的「潛力＝容器」**。

人就像杯子一樣，不但大小各異，形狀、觸感也不相同。

可以說地面上和地下一樓的部分，是建立在容器的基礎之上。

這個杯子的容量是多少？目前的水量又是多少？了解這兩個部分，就可以知道還能再加入多少水。

這就是大家常說的**「成長空間」**。

也就是說，杯子的大小代表一個人的

「潛力」，注入的水就是「經驗、知識、技能」和「能力」。兩者的差異便是還能再加入的水量，也就是「成長空間」。

潛力模型的時代

關於「成長空間」，億康先達與哈佛大學經過長年的共同研究，於二〇一四年首次公開成果，也就是我接下來要解說的「潛力模型」。

「潛力模型」為人資領域帶來了一場小小的革命，**顛覆以往只著重過去**（經驗和實績等）**的面試模式，指出解讀未來**（成長空間）**的必要性。**

研發出這個模型的主導者是阿根廷知名顧問克勞帝歐・佛南迪茲—亞勞茲，他非常喜歡日本，曾經好幾次千里迢迢從地球的另一端飛過來，協助訓練日本辦公室的同事。

根據他的說法，**在選才的歷史中，潛力模型的時代已拉開序幕。**

最早是身體能力的時代。在古代，人高馬大、身強體健的人最有魅力。

選才的歷史

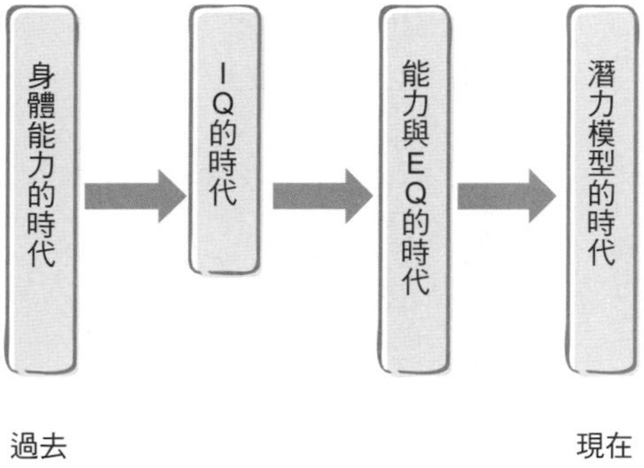

圖12　選才的歷史

之後則是IQ的時代，以及能力和EQ的時代。

現在，我們已進入潛力模型的時代。

分解潛力模型

請看圖13。

這是一個經過徹底研究的模型，沒有多餘或不足。

亞勞茲堅信，人的潛力、成長空間可以用四個因子來測量，分別是「好奇心」「洞察力」「共鳴力」和「決斷力」。這是經過分析調查大量樣本之後得到的結果。

我先介紹各個因子的定義，再來談運用方式和案例。

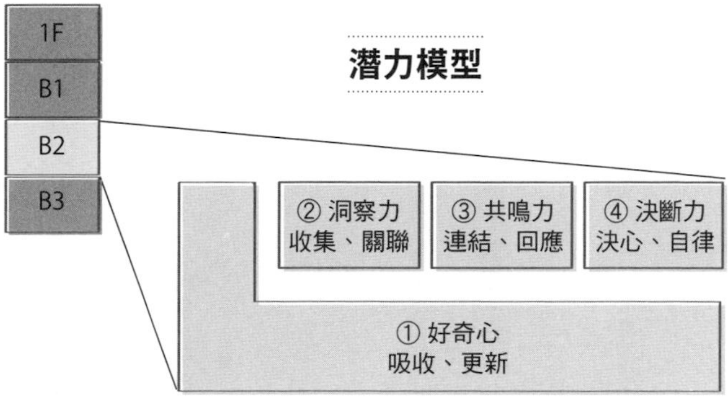

重點不是「能不能做到○○」，而是「做○○時會充滿能量」

圖13　潛力模型

潛力因子①「好奇心」

如圖所示，**好奇心**是基礎因子。

可以想像好奇心就如同母親一般，孕育出另外三個因子。如果只看一個指標的話，那就是好奇心。

用顏色來比喻，好奇心是紅色，這也是電影英雄經常使用的顏色。

好奇心指的是**追求新的經驗、新的知識、坦率回饋的強烈能量，以及對學習和變化的開放態度。**

潛力因子②「洞察力」

洞察力以顏色來比喻，是藍色。想要吸引菁英的公司、教育機構，手冊或網站就經常使用沉穩的藍色。

洞察力指的是**收集和理解暗示新的可能性的資訊的強烈能量。**

潛力因子③「共鳴力」

共鳴力以顏色來比喻，是黃色。就像超級戰隊的黃色戰士，溫暖，會炒熱氣氛，很受大家的喜愛。

共鳴力指的是**運用感性與邏輯傳達自己的想法和具說服力的願景，與人們連結的強烈能量。**

潛力因子④「決斷力」

決斷力很難用顏色比喻，如果以英雄形象來類比，那就是有個性的黑色。

決斷力指的是**喜歡有挑戰性的任務，從挑戰中獲得強大的能量，以及在逆境中迅速復原的能力。**

感受對方的各種能量

希望大家注意的是，這四個因子雖然都是「〇〇力」，但我們要看的**不是能力，而是「能量」**。我們從談話中獲得各種資訊的同時，也要去「感受」對方的各種能量。

不只是話語，對方的長相、表情、動作、聲調等，也都是我們獲取資訊的來源。雖然用不上五感，但使用兩到三種感官去判斷是絕對必要的。

接著釐清「能量」的概念。

我想先說明，所謂的能量，指的並不是很有活力、很有氣勢、講話聲音很大這類「用力」的意象。

這裡所說的能量，是本人在無意識中，自然而然發出如同「熱量」一般的東西。可以理解是一旦打開開關，就會開始運轉。如果無時無刻都在運轉，那也很累人吧。

已經深入到這個樓層，想要正確、客觀地評價一個人的能量，是相當高的門檻。

不過，也不用過於擔心。在這個樓層，我認爲一般人並不需要做到絕對的評價。如果不是從事人資相關的工作，只要有這些概念，然後按照自己的想法去評價就可以了。

如果你還可以設定標準，分爲高或低兩個級別，那麼也就大功告成。

—專欄—

關於潛力因子的「顏色」

我在億康先達的時候，不斷運用這套潛力模型來看人，漸漸的，我會看到眼前這個人的「顏色」。並不是那種「看見光環」的神祕事件，只是因為單純能夠看到這個人的顯性因子，腦袋裡自然會轉換成顏色。

就以我現在任職的 GLOBIS CAPITAL PARTNERS 的兩位老闆今野穰和高宮愼一為例。

以性格來說，今野親切、開朗，高宮有著 DJ 氣質、喜愛甜點，各自都有鮮明的個人特色。如果以顏色來比喻，今野是帶有黑色調的黃色，而高宮則是帶有黃色調的紅色。但這也只是接觸時的印象，反映他們的嗜好、個性和溝通的習慣。

也就是說，這並非本質。

如果要我說這兩位的潛力，我敢說他們的顯性因子都是「洞察力」。在我眼中，他們看起來都是藍色的。

好奇心包含「吸收」與「更新」

接下來，要個別詳細解說每一個潛力因子。

再回去看看圖13，潛力因子①～④各自包含兩個部分。

貪婪地想知道一切的好奇心

好奇心的其中一個部分是**「吸收」**。

長大成人後仍像個孩子般，想知道萬事萬物的運行原理，會提出各種問題，像是「爲什麼鴿子停在電線上不會觸電？」這種問題。

擁有**「什麼都想知道」「什麼都想吸收」**的好奇心。

讓老舊知識瞬間升級的好奇心

另一個是能夠讓老舊知識升級，也就是大膽解放並**「更新」**方向的好奇心。

「以前是這樣，但最近有新的說法，以後有可能變成那樣。所以應該採取這個方法。」像這樣**能夠果斷捨棄老舊知識的好奇心**。

偶爾會遇到「吸收」的幅度又廣又深，但「更新」能力很差的人。也許是刻板印象，「二流的大學教授」大概就屬於這一類。雖然只是概念性的計算，但你可以這麼想：滿分是五分，「吸收」五分，「更新」兩分，綜合起來，「好奇心」的成績就是三．五分。

洞察力包含「收集」與「關聯」

接下來是「洞察力」。

瘋狂粉絲的資訊收集力

洞察力的其中一個部分是**「收集」**。

收集各種資訊，加以整理、理解，對此會感到趣味盎然的類型。

順道一提，時下最具有動員力的就是「追星」了。參加自己喜愛的演員或偶像的應援活動，並且鉅細靡遺地收集偶像的資訊，這些粉絲們因爲對資訊的貪婪而產生的洞察力非常驚人。

以前聽在Tod's工作的好友說過一個驚人的小故事。演員町田啓太主演的連續劇中，只是出現在一個鏡頭的一條手鍊，隔天立刻銷售一空。既沒有商品名，也沒有廠牌名，但粉絲們卻能馬上鎖定品項，並且分享訊息。

這種鋪天蓋地的資訊收集力，如果能夠運用在其他地方，那必定會成為洞察力的勇者。

決定聰穎程度的關聯力

洞察力的另一個部分是**「關聯」**。

介紹一張可以幫助我們具體了解「關聯」感覺的圖。

圖14是系統理論專家、組織變革教授羅素．艾可夫所繪製，他將人類處理資訊的階段分為五個次元：「數據」「資訊」「知識」「洞察」「睿智」（最後的獨角獸陰謀論是他的趣味梗）。

資訊處理的五個次元

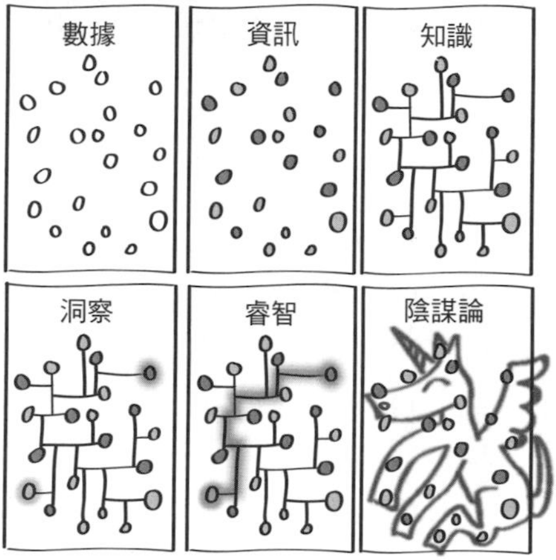

圖14　資訊處理的五個次元

1 從「數據」開始

2 有意義的「資訊」

3 顯示關聯的「知識」

4 能爲不同事物找出共通點的「洞察」

5 能爲不同事物的共通點找出共通脈絡的「睿智」

舉例來說，被問到「鉛筆和紅酒的共通點是什麼？」時，如果能夠帶著正面能量思考，就可以評斷爲關聯力很高。

即使回答不出來，也很享受思考的過程，或是突然靈光一閃，得出「兩者品質好的都很圓潤」之類的妙答而開心不已的人，就屬於這一類。

順道一提，可能是拜我們的升學體制所賜，**學校裡優秀的學生，很多都是「收集力」很強，但是「關聯力」很弱。**

只錄取頂尖學府畢業者的戰略顧問業界也有這種傾向。在戰略顧問集團，被稱爲量產型的顧問年年增加。量產型和精銳型的分水嶺，就在於「關聯力」的強弱。

我之所以敢這麼斷言，是因爲我在億康先達時，也有涉足顧問業界。曾經實際見面交談的，光是五大顧問公司的主力顧問，就超過五十位，當中「關聯力」非常強的，大概只有一半。

可以說，洞察力的能量，決定一個人聰穎的程度。

共鳴力包含「連結」與「回應」

那麼「共鳴力」又是如何呢？

因連結而喜悅的人

「共鳴力」的一個部分是**「連結」**。

會不自覺地尋找和對方的連結，在用力按下連結按鈕的同時，傳達自己的願景或構想。如果因爲這個連結而展開一個故事，會感到強烈的喜悅。

連結能量很強的人，即使沒有請他幫忙，大多也會非常樂意介紹有連結的第三者給你認識。

會自己回應並提升能量的人

「共鳴力」的另一個部分是**「回應」**。

類似聲音與聲音之間的共鳴，會不自覺地尋求能量交流，並且在短短的時間內不斷提升能量。

有這種傾向的人，特徵就是笑口常開。而且還不是因爲他人的話而發笑，會自己一邊說，一邊咯咯笑。這是出自於尋求與眼前的人共鳴的渴望，像是某種自己發電的行爲。

決斷力包含「決心」與「自律」

最後來看「決斷力」。

歡迎逆境的決心

決斷力的其中一個部分就是**「決心」**。

儘管心中有疑慮，但還是打消疑慮，下定決心。

換句話說，就是「做好最壞打算」。

被逼入絕境的時候，是否還能做出決斷，這是關鍵。

世界上有一定數量的人，他們在回顧自己最難忘的時刻時，會帶著喜悅、自豪和熱忱侃侃而談。他們就是「決心」能量比較高的類型。

這類型的人，很歡迎逆境到來。他們會主動投入其中，並且感到強烈的喜悅。成功的新創公司經營者，很多都屬於這種典型，雖然想著「不能失敗」，但是當他們發現自己陷入資金周轉問題時，卻似乎又樂在其中。

這類型的人在面試時談到過去遭逢的危機，眼睛會閃閃發亮，音調也會提高，馬上就看得出來。

享受矛盾的自律

決斷力的另一個部分是**「自律」**。

世界上還是有稀有人物，雖然完成偉大功績，卻仍然非常謙遜。

一方面抱持著「我一定辦得到」的信念，一方面卻又想著「我的能力還不到水準，要對自己再更嚴格一點」，在挑戰中激發能量。

這些人的深層心理非常享受「相信自己、又不相信自己」的矛盾狀態。

「決斷力」可以靠後天訓練？

順道一提，我有時候會被問到：「決斷力可以靠後天訓練嗎？」的確，高中時代在運動社團經歷過高強度的訓練，或是曾經遭逢天災，都會讓一個人鍛鍊出勇氣與毅力。也有人是因爲身患重病而有所覺悟。如果經歷過各種殘酷考驗，或許就能夠勇敢面對困境而不逃避。

但這些屬於地下一樓的能力，成果導向或變革導向的行動特質，的確可以靠後天訓練。

這裡講的決斷力，屬於地下二樓的潛力，是自己無法操控的能量，會不自覺地主動追求逆境，越危險就越興奮。

從整體能量評斷「潛力」

運用潛力模型深入了解對方，綜合評估好奇心、洞察力、共鳴力、決斷力這四個因子的整體能量，就能測量出容器的大小。

如此就能看出一個人的**「潛力＝成長空間」**。

上面的樓層可以靠後天培養。即使缺乏知識、經驗和技能，即使不具備變革導向、結果導向或戰略導向思維，但如果你感覺到這個人有巨大的潛力和強烈的動機，以個人而言，就應該積極與他往來，以組織而言，就應該積極延攬他。

怪物級人物也能以潛力模型說明

當然，這四個潛能因子平均發展，是最理想的狀況。

但這種人是鳳毛麟角。

我在億康先達的時候，印象最深刻的，是日本一家代表性集團旗下的A公司，遴選下一任執行長，從數十名高階主管中脫穎而出的B先生。

B先生的年齡在一千董事中算是小老弟，經歷也很特殊。根據事前看到的資料，評價褒貶不一。

經過三小時密集的訪談評估，結束當下，我和同事兩人相視無語，只能驚呼：

「這個人太厲害了！」

我們兩人校正評估的結果，四個潛力因子幾乎都是滿分，這還是頭一遭。

不是好人、壞人、喜歡、討厭這種等級，而是身而爲人，擁有壓倒性的強大能量。

他分享的故事也都非常強烈。對他來說理所當然的標準，對一般人來說都有點「難以理解」。儘管如此，他仍然自省、謙虛、追求自我變革。

在他內心深處，已經做好面對世界挑戰的覺悟。

「簡直是怪物！」面對這前無古人、後無來者的奇才，如果沒有潛力模型，就算我感覺到他潛力無窮，也無法有邏輯、有說服力地跟客戶說明，讓客戶相信他就是適任者。

不看過去，看未來。

因為有潛力模型，我們才能看到他蘊藏的潛力。後來他升任執行長，也確實發揮出色的領導力。

評價一個人，看「能力」就夠了嗎？

「有必要特地看潛力這種摸不著邊際的東西嗎？」

「已經很明確看到他的能力，這樣還不夠嗎？」

時代正快速變遷，不言可喻。

構成原動力的「使命感」與「自卑感」

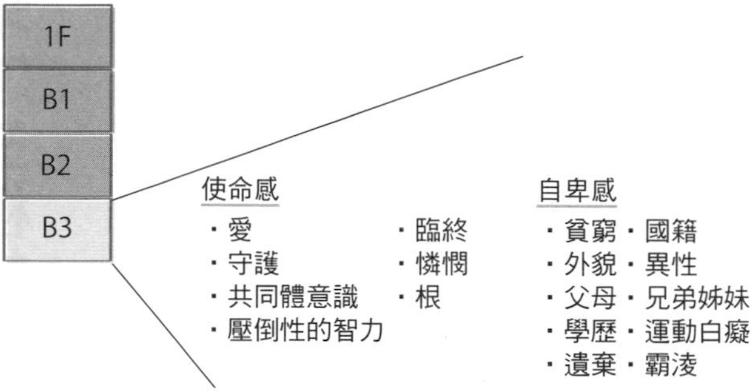

圖15　構成原動力的「使命感」與「自卑感」

參考：由佐美加子、天外伺朗《The Mental Model》、
羅伯特・凱根、麗莎・萊斯可・拉赫《變革抗拒》

驅動天才的「原動力」

打開樓梯門，我們繼續往地下三樓前行，這裡就是我所提倡的**「原動力」**。

換言之，就是一個人的精神力量。

「原動力」是什麼？是讓人刺痛而產生努力向上的力量，也就是一個人的**「使命感」**，或是**「自卑感」**（圖15）。

「使命感」是能量的泉源，能加速上面樓層每一個因子的發展。

例如，以醫學爲志向的人，動機可能是「小時候家人因不治之症

離世，希望自己有一天能治好那個疾病」的使命感。

我也聽企業家說過「年輕時去發展中國家旅行，希望自己能爲那邊的孩子做點什麼」等充滿使命感的故事。

使命感有來自後天的，也有先天的，也就是那些被稱爲天才，絕頂聰明的人。每次遇到這樣的人，都會感受到他們懷著「必須運用自己的能力，爲世人做出貢獻」的使命感。

使命感會賦予一個人強大的精神力量，不容絲毫動搖。

那麼「自卑感」又是什麼？

自卑感通常帶有負面意味。但是，**以成長的觀點來看，自卑感和使命感同樣都能驅動人生發展，帶有正面意義。**這一點我要特別強調。

因爲我也看過很多經營者，只能認爲是自卑感驅動他們的成功。

「使命感」與「自卑感」就像陰與陽

陰陽思想認爲，萬事萬物皆可分爲「陰」與「陽」。

自卑感與使命感猶如陰與陽

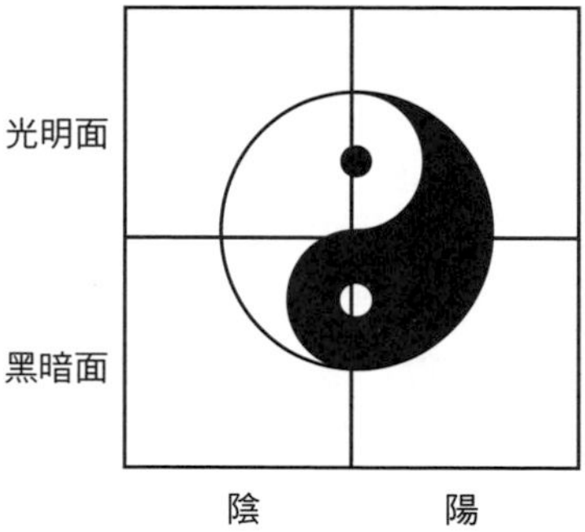

圖16　自卑感與使命感猶如陰與陽

「使命感」和「自卑感」都是源自內在的強烈情感，就像岩漿一樣。有趣的是，一個是向外發散，另一個是向內發散，可以說是光和影。簡單來說，「使命感」是陽，「自卑感」是陰，往往被當作是陰暗的負面能量。

但是並非如此。

陰可以用月亮、夜晚、冬天、安靜來比喻。

陰與陽，不是哪個好、哪個壞的概念。

因爲有陰，陽才得以存在；也因爲有陽，陰才得以成立。兩者是互相交融的關係，也都是正向的力量。

但是，不論是陰是陽，人一旦墜入黑

暗面，兩者都會變成負面的力量。使命感與自卑感，會變成強烈的負面能量向外發散。

你知道電影《星際大戰》中的「白卜庭」嗎？

他一方面以西斯（陰）活動，同時持續以那卜的政治家（陽）的身分活動。從故事的設定來看，不確定他有沒有「使命感」，但確實有著強烈的「自卑感」。

信念越強烈的人，內在情感也強烈。一旦墜入黑暗面，就會像白卜庭一樣，獲得雙手發射藍白色「原力閃電」的能力（這不是開玩笑，我經常聽到世界上頂尖的經營者發生類似的故事）。

也就是說，「自卑感」可以成爲正面能量，同樣的，「使命感」也會引人墜入黑暗。

希望大家了解，陰與陽在表面都可以發揮正向的力量，在背面也都會發揮負面的力量。

孫正義強烈的原動力

因為有保密義務，我主要都是以匿名的方式舉例，還請見諒。但我想，如果有具體實例，大家應該比較容易想像。有一個大家都知道，但我自己並不熟悉的人。那就是**軟體銀行的孫正義。**

大家都知道，孫正義在年輕的時候，因為發明電子翻譯機大獲成功，賺了上億日圓。這些資產足以讓他過上悠閒、舒適的生活，但儘管如此，這四十多年來，他仍然持續擴大事業版圖，勇闖荊棘叢生的道路。

驅使他持續前進的原動力，我猜測應該就是「使命感」，以及同樣強烈的「自卑感」。

我不是唯一一個從他身上感受到強烈正能量的人。

他讓「使命感」與「自卑感」發揮正向的力量，從未墜入陰暗面。這是我從孫正義的自傳和評論中，以及從他身邊的人口中推斷出來的。

以前的我也是如此。我身高很矮、頭很大，即使穿昂貴的衣服也撐不起來。十幾二十歲的時候，這種自卑感尤其強烈，甚至一直持續到三十多歲。別人看來，這是很微不足道的自卑感，但是卻給我很大的力量。

大家又是如何？

陰暗信念的能量、自卑感可以是積極的，也可以是消極的。只要你將焦點放在自己身上，有時候就會產生難以置信的強大力量。

使命感與自卑感都很低的狀況

如果你的負面能量比較弱，會發生什麼事？

並不會發生什麼不好的事，只不過我認爲，那樣的人生一定不會發生改變世界的事。這一點也不需要覺得羞愧，事實上，這也是一種幸福。

有些人雖然潛力十足，卻不知爲何沒有完成使命，甘於屈居第二名，過著平淡的人生。

這樣的人很多都是使命感、自卑感兩者皆很低。

「自卑感」和「使命感」在最深層，是最不容易看到、理解與改變的部分，而且會影響到上面每一個樓層。

在本書撰寫期間過世的京瓷創辦人稻盛和夫，生前曾經說過：

「『思考方式』×『熱忱』×『能力』，決定人生與工作的結果。」

使命感與自卑感，應該就類似稻盛和夫口中的「思考方式」，某種意義上來說，是一個人的人生哲學。

不管多麼有熱忱、有能力，如果思考方式錯誤，就會產生負面的結果。同樣的，不管擁有多麼豐富的知識和經驗、多麼老練的能力、多麼強大的潛力，想要成就一番事業，還是取決於行動的泉源，也就是「使命感」和「自卑感」的強度，以及將焦點放在自己身上，而不是放在其他人或環境上。

—專欄—

「沒有看人眼光」的誤解② 認爲無法成長

會認定自己「沒有看人眼光」的另一個理由，就是因為沒有將「看人的眼光」以客觀且科學的方式分析，並加以系統化。

簡而言之，就是相關技巧還沒有確立和普及。

看人的眼光是生存的重要技巧，但大家對此的認識還停留在偏見與迷信，實在不可思議。

野村克也曾經是知名捕手，從捕手退下來後，成為知名教練。他在東京養樂多球團當教練的時候，就提倡「ＩＤ棒球」，掀起了日本棒球的革命。

所謂的「ＩＤ」指的是「Important Data」。

以往日本職棒是「才能取勝」，只有少數天才能在這個世界活躍，也就是一個由隱性知識主宰的世界。

但是，野村教練將數據和戰術這些與選手本身的才能或努力無關的要素帶進比賽，破除迷信。

野村教練證明，要想獲勝，不一定要有出眾的天賦或體力，磨練知識和技術，一樣可以獲勝。

擺脫了偏見之後，許多運動員過去被埋沒的才能，得以好好發揮。

可說是野村再生工廠。

但是識人這門學問（如果有的話），我們還處於ＩＤ棒球出現之前的狀態。

的確，識人無法像棒球一樣收集數據，兩者前提並不一樣。但是，如果被「看人的眼光無法驗證假說，無法學習、成長」的刻板觀念給限制住，我們就不會進步。如果不擺脫偏見，就永遠無法磨練自己看人的眼光。

| 第 3 章 |

看透對方本質的實踐方法

實踐方法①〈調整〉調整自己的心態

這一章開始，要來談磨練看人眼光的「實踐技巧」。這些技巧以我在億康先達的實踐方式爲基礎，主要是針對公司的招募面試。當然，除了面試以外，也可以廣泛運用在會議、應酬、相親等面對他人或少人數的場合。

先調整自己的心態

第一個關鍵字是**「調整」**。

識人是非常講求細緻、需要集中精神的行爲。

因此，我們要盡可能調整自己。

很多人每天被工作追著跑，需要解決的問題、必須處理的案子，就像是用輸送帶送過來的一樣，接連不斷。新冠肺炎疫情以來，網路會議成爲常態，雖然方便，但是相對的，常常一場會議結束，又緊接著另一場會議，腦袋根本應接不暇。

人是會被情緒影響的生物，如果前一場會議焦躁煩悶，下一場會議就會繼續眉頭深鎖地打招呼，這樣就有點糟糕了。因此，即使時間匆促，也必須調整自己的心態。

這個方法大家或許會覺得太過理所當然，最輕鬆、我自己也經常實踐的方式，就是**「深呼吸」**。

如果有時間可以看點風景、喝點茶，那當然最好。沒有時間的話，例如「三分鐘後就要開始下一場面談！」的狀況，我終極的方式就是**「重新看一遍對方的履歷表」**。

這麼做可以瞬間強制切換模式。雖然之前已經看過履歷表，但是可能看漏細節，例如畢業學校、每份工作的年資等等。除此之外還有一個好處，光是看著資料，思緒就會自然而然轉向即將見面的人，腦袋開始運轉。

附帶一提，如果要見面的人，年收入超過一千萬日圓以上，事前在網路上搜尋他的名字，或許會看到意想不到的媒體報導。

近期，社群媒體也成爲事前調查的重點。很多人的履歷表、公司網頁，只會寫些平淡無奇的訊息，只有在社群平台上才會講眞話，或許會發現他意料之外的嗜好。如果他的追蹤者有數萬人，錄取後，他的社群影響力也可能派上用場。

當然，觀察社群媒體，也可以過濾危險人物。

如果是外商公司的經營管理階層，我會建議看LinkedIn。

能緩和緊張的座位安排

人的心會隨著「場所」有很大的變化。

讓人有好心情的空間，也會讓人有好心情來開會。播放著爵士樂的舒適空間是最理想的，但是很遺憾，面試大多是在殺風景的會議室，或是咖啡廳的小餐桌上進行。

仔細想想，雙方才第一次見面，就突然關進一個密室，還必須面對面講話，眞是超乎尋常的世界。

這樣的空間會讓雙方都很不安。

即便是我，現在遇到初次見面的人也還是會有點緊張。

不過，**「座位安排」可以某種程度緩和緊張情緒。**

如果是一對一的狀況，要避免椅子正對面擺放，那樣感覺很像警察在偵訊。坐在正對面，會讓人心生恐懼。雖說如此，兩人坐對角也很奇怪。

所以我在面試時，會刻意**將椅子挪動一點角度，大約一個拳頭的距離。**刻意有點斜坐，就是不要正對面。

面談開始，互相有些了解後，也要斜著身體，不要正對面。

光是這樣就能讓心情放鬆，緩和氣氛。

請務必試試看。

理想的面試人數

面試的時候，「人數」也很重要。

以億康先達來說，並不會像偶像選秀節目一樣，採取多對多的團體面試。因爲是要選擇VIP等級的人才，所以基本上，我們和面試者都是各一位。

也會有一位以上面試官參與的狀況，不過，**最多也就兩位**，三位以上就會變成「壓力面試」。嚴格來說，二對一已經非常有壓迫感。

我會建議，基本上還是採取一對一。

刻意進行壓力面試，不會有任何好處。

壓力面試信奉者的邏輯是「想要測試對方在壓力下的反應」，這其實是大錯特錯。**因爲面試中的壓力和工作中的壓力完全是兩回事。**

有些人純粹只是因爲密閉空間而緊張；面試老手則可以從容地按照標準流程應答。

不管如何，刻意進行壓力面試，都是對面試者欠缺尊重。對方無法如常發揮，你也會忽略他的才能。

創造「美好時光」

即便你的公司是賣方市場，應徵者絡繹不絕，面試時還是要抱持「共度美好時光」的心態。

一旦開始評核，常常不知不覺就變得嚴苛。有點嚴肅的氣氛雖然好，但是不需要刻意營造。給對方壓迫感，並不會帶來好印象。

不自大，也不傲慢，以「非常感謝您寶貴的時間」「非常想再多了解您一些」的態度，尊重對方，抱持興趣，最重要的是要享受面試的過程。

如果不是以這種態度面對，不但面試沒有成效，對對方失禮，還會增加「風評風險」。

現在透過社群媒體，誹謗和中傷能在一瞬間傳遍全世界。

如果面試時讓對方感受不佳，而且最後還沒有錄取，公司在網路上會被寫成怎樣都不足為奇。即便錄取，對方已經有不好的印象，還會發揮最佳實力嗎？

想共度美好時光，有好的開始是關鍵。

見面之前就要先想像，模擬「今天要問什麼問題」。之後就放鬆心情，帶著

「共度美好時光」的心情出現在面試場所。

「一直期待與您見面！」

帶著笑容開場。

僅僅如此，對方就會開始對你有好感。

面試多少都會讓人有點緊張，以往的經驗，面試官大多是以高高在上的角度詢問，而你卻是帶著滿面的笑容出現。

這就是所謂的「反差萌」。

即使是中年大叔，也能創造出讓人心動的一刻。

實踐方法② 〈緩和〉情緒會互相影響

理想的面試，**讓對方放鬆**也很重要。

放鬆之後，不只談話會更熱絡，也更能看見對方的「本質」。

原本以爲是有稜有角的人，放鬆後也會開玩笑，才知道「他其實很有人情味」。

相較於爲了面試而裝出「非日常模式」，展現「日常模式」，對於我們判斷對方是否適合一起工作會更有幫助。

當然不只工作，私人的交往也是如此。

讓對方放鬆的最佳方法

那麼要怎麼做，才能讓對方放鬆呢？

讓人捧腹大笑的笑話？

還是看到出神的魔術？

這樣所有面試官都必須是喜劇演員或魔術師了。有個方法不需要口才，也不用雙手靈巧。

那就是**讓自己放鬆。**

人的情緒不費吹灰之力就可以互相感染。

成人體內約六〇%是水分。就像鳥兒拍翅膀會振動池塘水面，兩個面對面的人，波動也會互相影響，非常不可思議。

迄今我面試超過五千人，對於「波動的傳播」有很強烈的感受。

自己焦慮的時候，對方也會莫名跟著焦慮。自己沉穩的時候，對方的表情也會是沉穩的。因此，我們要先讓自己「平靜下來」，創造好的波動，尤其是初次見面時。

一杯咖啡帶來的莫大效果

面試、洽談、開會時，大多會提供飲料。

最近很多公司會準備瓶裝水或瓶裝茶，直接放在桌上，以衛生層面來說似乎比較好。

也不用一一詢問：「要喝咖啡嗎？」「要喝茶嗎？」「冰的好嗎？」「還是喜歡喝熱的？」「要不要糖和奶精？」

但我還是比較喜歡老派作風，如果能好好端出一杯咖啡或茶，我會更開心。

除了「特地爲我沖泡的」這份體貼心意，在寒冷的日子喝著熱飲，在酷暑的天氣喝杯冷飲，都能讓心情緩和。

想讓對方放鬆，我們要了解人心。

附帶一提，在億康先達，祕書會送來一杯精心沖泡、以高級瓷器盛裝的咖啡。

我造訪私募基金KKR、奢侈品牌LVMH時，總是會喝到用品質很好的豆子沖泡的咖啡。

大家可能會說：「那是有閒工夫的人才會做的事！」其實不然，新創公司也會如此。例如，有一家提供社區服務的新創公司OSIRO，員工只有二十人，也會端出讓人心情愉悅的咖啡。

對於「請喝咖啡」的熱情款待，應該沒有人會不喜歡。

或許瓶裝水比較節省時間和經費。

但是，**如果因此無法在面試的時候無法看到對方的本質，錄取錯人，這對公司來說，造成的損失更大。**

一杯咖啡，不只是一杯咖啡。

破冰之必要

大家聽過**「破冰」**這個詞吧。

誠如字面上的意思，就是「融化緊張到像凝結成冰一樣的氣氛或心情」。具體來說，就是在開會或洽談正式開始之前，先簡單玩個遊戲或自我介紹，緩和雙方的心情。

亞州人普遍不太了解破冰的戰略性意義，就算知道，很多人還是會省略。

在正式開始之前，利用一分鐘的簡短談話破冰，面試的品質（＝收集到的資訊量）**就會大幅提升。**看起來像是浪費時間，其實並非如此，這是有效溝通的必要手段。

有些人會覺得：「我不會說那些機智幽默的話。」

請放心。

我也說不出什麼了不起的故事，沒有什麼固定的破冰話題。就算有「破冰話題集」這種東西，讀了也無法融解心中的冰。

事實上，破冰的祕訣不是融解對方的冰，而是融解「自己的冰」。

請想想怎麼做自己才能夠放鬆。

當我們放鬆了，對方也會跟著放鬆。

例如，「快到週末了呢」「今天天氣眞好」等等，說一句能讓彼此縮短距離的話即可。從以前流傳至今的制式招呼語，或許就是人類累積長年溝通經驗後領悟的終極放鬆法。

表達感謝的心意

要緩和對方的心情，有一個更簡單的方法。

那就是**「表達感謝」**。

只要說一句：「謝謝您今天前來。」

從事業務工作的人可以很自然地說出口，但對在辦公室工作的人來說，卻有點難啓齒。因爲他們一整天都是在公司裡和認識的人一起工作，面對陌生人還要侃侃而談是多麼不容易的事。

再加上在面試過程中，很容易不自覺地出現「我是僱主」的心態，這也是說不出感謝的主要原因。「我會簽約」「我會付錢」，如果流露出這種大爺心態，對方是不會敞開心門的。

只要想想我們面試的目的是什麼？

對方不是公司的人，也算是「客人」。

能夠這樣想，感謝的話就可以很自然地說出口。

練習卸下心防

總而言之，要讓對方放鬆，自己先放鬆很重要。也就是說，我們要呈現自己的「本質」。

怎麼做才能讓自己放鬆呢？說是練習可能有點誇張，但是我嘗試做了兩件事。

第一件事是**「習慣說出自己的弱點」**。

任何缺點都可以。

「我眞的很不會做家事。」

「我手機常常不見。」

不只是面試的場合，在平常的對話中也可以穿插這樣的話題。不是談論嚴肅的弱點，而是談自己令人捧腹的失誤。如果能夠輕鬆地談論這些話題，自然而然就會卸下心防。

當你眞心覺得自己的自尊心微不足道時，反而會呈現出一種反差，讓你成爲一個與眾不同的人。

還有一件事是**「了解自己」**。

爲了呈現自己的本質，必須知道眞實的自我究竟是什麼樣子。爲此必須在某種程度上用語言將自我描述出來。

這聽起來好像很難，但其實有個許多人都熟悉的方法。

那就是「心理測驗」。

我推薦的測驗是**「ＭＢＴＩ」，十六型人格測驗**。這是根據知名心理學者榮格的理論，由凱薩琳·布里格斯與女兒伊莎貝爾·邁爾斯於一九六二年研發出來的心理測驗，迄今已風行全球。

ＭＢＴＩ的特色是根據四個指標，包括個人觀點和決策方式，簡單地將人分爲十六種類型。人們能夠輕鬆地了解自己是哪一種類型，並且有助於與周圍的人建立良好關係。網路上可以找到很多免費的測驗網站，我尤其推薦 http://www.16personalities.com/，希望大家都能去試試看。

ＭＢＴＩ測驗網站（免費）

http://www.16personalities.com/tw/

ＭＢＴＩ確實是非常出色的心理測驗，我認爲它極具實用性。但是由於缺乏學術支持，ＭＢＴＩ無法在臨床上使用，而且自己作答的方式，容易受到當時的心境和經歷等影響，可能每次測驗結果都不一樣。但是對於輕鬆地了解「自己的心理傾向」而言，是一個非常方便的工具。

附帶一提，我的測驗結果經常出現「你是冒險家」的答案。

不過，結果是什麼都無所謂，重要的是，透過測驗，我們對自己會更有意識與自覺。

舉例來說，你可能在某個時刻突然意識到：「原來，不在意細節、像個冒險家般行動，這就是我的本質。」經過測驗結果的語言描述，認識到「自己容易這樣」的傾向，就能夠建立自己的「歸宿」，知道自己現在的模樣是不是「本來的我」。

這種感覺對於日常生活也很有幫助，請務必試試看。

「非正式語言」的絕佳效果

使用「非正式語言」，也是爲了緩和對方的心情。

如果使用敬語，不管多麼輕鬆的對話，聽起來也會很拘謹。

「實不相瞞，在下前幾日釣到一條非常巨大的虹鱒。」
「是這樣嗎？請教此魚之大小？」
「約莫三十公分。」
「那眞是太好了。敢問您是否玩得開心？」
「是的，在下度過非常愉快的時光。」

我是寫得比較誇張，但本來應該愉快的對話，卻熱絡不起來。

如果是美國人，就會這樣說：

「跟你說，我前幾天釣到一條不得了的虹鱒。」
「哇！有多大？」
「有十一英寸喔！」
「眞假！你一定很開心吧？」
「那還用說，超開心的。」

這也寫得有點誇張，但是在美國，初次見面的人確實是以這樣非正式的口吻說話。因爲英語基本上沒有敬語，所以美國人都是破冰高手，擅長讓對方放鬆。

我相信，這是「語言的差異」，大過「人種的差異」。

不過，我們可以稍微模仿一下。當然，初次見面就使用非正式的口吻，是有點失禮，但是可以交錯著使用。

「太出色了。」

←（非正式口吻）

「這不是很讚嗎？」

「超級棒的耶！」

「眞的嗎？棒呆了！」

取決於對話的氣氛，這種程度的非正式應該是可以接受的。

我會有點刻意地使用非正式語言，穿插於對話中。當對方感受到「這個人可以用這樣的口吻說話」，緊張感就會減輕。

回應對方，或是講述自己的事情時，都是使用非正式語言的時機。

剛進入億康先達的時候，我還無法完全捨棄敬語，滿口「原來如此」「是這樣嗎」，就像前面舉例的奇怪說話方式。面試時也會切換成詢問模式。那個時候，前輩跟我說：「小野先生，你的日文好奇怪。輕鬆一點比較好喔！」我才開始慢慢有意識地使用非正式口吻。

避免用電腦做筆記

比準備瓶裝水給訪客更讓人遺憾的是，最近會客時把筆記型電腦擺在面前的狀況越來越多。

請避免面對面開實體會議時，眼睛盯著電腦螢幕，雙手喀噠喀噠地敲著鍵盤。

從面試者的角度，他可能會覺得面試官假記錄之名，行上網之實，或是用通訊軟體跟主管討論其他公事，充滿不信任感。他心裡其實在吶喊：「喂～你的心在這裡嗎？」過程中，眼神沒有交會，最後感覺自己像是在對著牆壁講話。

這些讓人遺憾的行為，之所以會如此普遍且越演越烈，都是有原因的。

因為大家都太忙了。

想趕在面試結束那一刻，應該說在結束之前，就想把聽到的資訊彙整好寄出，完成工作。

但這只是面試官單方面便宜行事罷了。

如果不與對方一對一、面對面交談，我們真的能夠看透一個人嗎？

實踐方法③〈揭露〉看似有效，其實不然

很多公司會針對正在尋找的人才，設計一套面試題目，通常是關於合作、團隊精神、企業文化契合度等等。

這麼做本身並沒有錯，然而，很少公司能夠真的問出自己想知道的事。

原因絕大多數出在，**提問方式太差。**

尤其，很多問題都是直接問「關鍵字」。

例如，想了解協調力，就直接問：「你可以團隊工作嗎？」被這樣一問，面試者馬上察覺到「公司想知道我會不會團隊工作」，接著只要配合回答：「我大學時代是橄欖球隊，非常善於團隊工作。」

其他諸如，想了解抗壓性，就直接問：「你怎麼消除壓力？」對方回答：

「我會洗三溫暖。」這樣有什麼意義?充其量只是一場我問你答的比賽，根本不是在面試。

以故事爲基礎提問

前一章提到，「故事」才是重點。

一開始，我們可以先問一個籠統的問題。

例如問對方：**「在過去的工作和生活中，你自己感到最自豪的事是什麼?」**對方回答後，馬上再問：**「那麼能分享關於這件事的故事嗎?」**

這種提問方式的好處在於，**對方無法「配合回答」我們想要的答案。**

假如對方說自己最自豪的事是「與團隊一起完成專案，並且大獲成功」。

他不是因爲被問及團隊工作才這麼說，而是主動選擇這麼回答，因此更具可信度。可以相信他一定很重視團隊工作。

另一個人可能回答：「我成功整合混亂的物流系統，之後貨物每天都能夠順利配送。」可以了解他一定很重視流程，確實推進業務。

或是回答：「雖然我的業績目標是一百五十萬日圓，但是我半個月就超過目標，我就自己將目標上修到一百八十萬日圓，連續四個月都有達成。」可以知道他有著強烈的目標達成意識，這是他的工作價值觀。

也就是說，**從對方講述的故事中，分析他將重點放在什麼地方，就可以知道他的核心價值觀。**

然後以故事爲基礎，針對想知道的部分提問。

例如，**「剛剛提到銷售目標的設定，你是怎麼跟團隊溝通這件事？」**看似隨意地問起團隊工作相關的事，然後等待接下來的故事。

如果對方回答：「團隊其實也是競爭對手，沒有互相合作這回事。」可以想見他是獨來獨往的性格。

如果回答：「大家一起切磋琢磨，達成目標。」則可以看出他很重視團隊工作。

沒有任何事情需要揣測。

以故事為基礎，多角度地了解一個人的行動特質，最後再對照公司的需求。這才是最佳方式。

「然後呢？然後呢？然後呢？」深潛的技術

還有件事希望大家能夠注意。

那就是，**光聽故事，只停留在表面就結束的可能性很高。**

例如，對於前一份工作是物流業人員所說的故事：「以往一天只能送五十件。但是我照自己的想法改變流程，一天可以送一百二十件。」如果只是回應：「原來如此，是這樣啊。」那完全不能作為判斷的素材。

○ **「從五十件變一百二十件有多困難？」**

○ **「有沒有人反對你的做法？」**

○ **「這成果有為公司的新事業帶來影響嗎？」**

不要只是回應「是這樣啊」就結束。重要的是，要針對有疑慮之處繼續往下挖掘，這稱爲「深潛」。

○ **「這個故事很有趣呢！後來呢？」**

○ **「這是你想出來的嗎？」**

○ **「是什麼樣的契機讓你想這麼做？」**

可能會有人猶豫是否要挖這麼深，不過，因爲故事的主題基本上是「自豪的體驗」，所以即使深潛，應該也不太會有人覺得不舒服。

選人需要的不是「意見」，而是「事實」

由故事開始切入的面試，優點就是可以單純地萃取出「事實」。

例如想了解團隊管理，如果問：「你的理想團隊管理模式是什麼？」對方可能會回答：「充分授權給每個人，靠大家的力量，創造一個把十變成一百的團隊。」只是讓你聽到「意見」就結束。

但是如果深入詢問：**「請談談有關團隊管理的正面經驗。」那就不會只是陳述意見，而是會說出事實。**當然，對方也可能說謊，但是我們可以藉由更深入詢問：「那個時候發生什麼事？」「是什麼形式？」「是什麼狀態？」來去除僞裝。

我們需要的不是「意見」，而是「事實」。但是很多面試都會流於「這種場合我必須這樣回答」的意見發表大會。意見是虛的，並不是那個人眞實的狀態和能力，在選人上是沒有必要考慮的。

除此之外，選人也不需要看「情感」。不需要問：「你當時心情如何？」「很生氣嗎？」「很開心嗎？」因爲情感是由當下的氣氛或狀況所決定，未來並不會重現。

重要的是**「行動特質」**。

不是情緒，而是做了什麼的「事實」。

因爲一個人的行動特質會一再重現。

例如，「即使很多人反對，但如果是我該做的，我會努力突破重圍。」說了這個故事的人，未來遇到類似的狀況，採取相同行動的可能性很高。

突襲式發問

還有能讓對方顯露本性的高級技巧。

那就是**「突襲式發問」**。

例如，詢問A先生「自豪的故事」，A先生說自己很重視夥伴，在前一份工作中，他熱心培育人才，經常帶後輩去喝酒，是個讓人景仰的好主管。

但這實在太過完美，就像英文俗諺說的「too good to be true」（好到難以置信）。

遇到這種可疑的狀況時，可以採用突襲式發問。

「不過，你的個性其實很內向吧？」

這只是舉例，關鍵是要提出一個出其不意的問題。

很多時候，這種突襲式發問，會讓人不經意地吐露出心聲：「可能眞的是這樣。」「我一直很努力才有今天的成果。」

我們可以藉此更深入了解對方。

爲什麼要突襲？因爲有的人事前準備得非常周全。

他們會設想所有狀況，準備完美的標準答案，也就是所謂的面試老手。這種人會用理論把自己嚴嚴實實地武裝起來。

想看到他們的本質，卻因爲防衛過強，無法從正面進攻，這時就要採取出其不意的突襲式發問，讓他的腦袋瞬間空白。因爲完全沒料到，沒有事前準備，我們就可以看到他不爲人知的一面。

不過，這個技巧用太多的話，效果會變差。最佳使用時機是在聽完各種故事之後，最後再「碰」地開一槍，效果滿分。

就像福爾摩斯突然一個轉身說出：「犯人就是你！」理想情況下，祕密應該如此生動地揭露出來。

實踐方法④〈放空〉如何激發感性

在評估他人時，如果評估者的認知能力，也就是大腦沒有處於最佳狀態，那麼一定無法做正確判斷。

爲了讓大腦在最佳狀態下運作，關鍵在於**「預設模式網路」**。

預設模式網路的意思是，「什麼都不思考，放空、安靜的狀態下的腦神經活動」。也就是說，**人的大腦在放鬆的狀態下，最能夠活化。**

相反的，沒有放鬆，也就是以**「問題解決模式」**來評估他人，是非常危險的。一旦切換到問題解決模式，只會看到個別現象，無法綜觀整體。

例如，前面提到「不只是話語，對方的長相、表情、動作、聲調等，也都是我們獲取資訊的來源」，但如果我們以問題解決模式交談，也就是以思考爲優先，只會把精神放在理解及整理對方的回答上，而忽略了表情、反應等重要的判斷素材。

因此，在面試等與人交談的場合，除了抓住對方的話語，一步步往下挖掘之外，也應該讓大腦放鬆、放空，讓預設模式網路運作。

讓大腦進入預設模式的祕訣

當然，一直發呆、放空，我們也無法工作。

需要放空，讓預設模式網路運作的時機，就是在辨識一個人的潛力和原動力等內在更深層的部分時。此時與其說是「看」，不如說是「感受對方散發出來的能量」，更爲貼切。

借用李小龍的一句知名台詞：「Don't think, FEEL!」（別思考，去感受！）

要讓大腦進入預設模式網路狀態是有祕訣的。

①吐氣

② 身體呈現放鬆的姿勢

③ 擴大視線焦點

這種感覺就像「一邊開車，一邊聽廣播」。你眼睛看著路，但並非盯著路上的某一點，而是四周的景色都一起映入眼簾。

一開始可能會覺得很難，但是習慣之後，任何人都可以讓感官進入這種狀態。

面談時，我們可以有意識地給自己放空的瞬間，就能慢慢學會這項技巧。

不要忽視無意識浮現的想法

你是否曾經在聽完對方的故事後，儘管說不出理由，卻感覺：「這個人好像很可疑……」「總覺得哪裡不對勁……」

那就是**大腦在無意識中感知到對方發出的信號。**

如果出現這種「說不清的感覺」，請不要認爲：「這大概是錯覺吧。」就這子，基本上面試一個人的時間是三小時，上午談一位，下午談一位，結束之後，大腦會累到想吃甜食，回到家也不想跟太太說話，這種情況是家常便飯。

不只是我，很多億康先達的員工都瘦了一圈。

簡直就是運動員。

當然，我們沒必要把自己逼得那麼緊，只是希望大家可以了解**「識人」是多麼深奧的一件事。**

面試時容易落入的三個陷阱

本章最後來談談一般人在面試時容易落入的三個陷阱——**「動機」「文化契合度」「個性」**。

確認「動機」沒有意義

典型的失敗面試就是「詢問動機」。本來只是想知道「爲什麼想進這家公司」的理由，然而絕大多數都會變成「你有多想進這家公司」的熱忱確認儀式。

被問到工作熱忱，應徵者可以裝出「我幹勁滿滿」「我從以前開始就很關注貴公司」「這是我的天職，是我想做一輩子的工作」。從僱主的角度，這是爲了另一方面，授權制度就是**「決定事情的方式」**。

授權程度不高，中央集權的色彩就很濃厚。雖然可以提升效率，但是很容易忽視多面向的檢證。

反過來說，充分授權的模式，可以針對利弊進行多面向的檢討，但速度往往比較慢。

不同的模式，適合的人才也不一樣。能夠評估一個人適合哪種風格，才能夠確認是否適合自家公司。

這與討論友善、喜歡啤酒等等表面的企業文化，完全屬於不同層次。

評估「個性」的危險性

沒有比個性更曖昧、更危險的概念了。

因爲每個人看的角度都不一樣。

例如，身爲專業人士，我看到A先生的時候，可以冷靜地根據能力（＝行動特質）評估：「這個人具備堅定地完成他想做的事的能力。」

但是，未經訓練的人，大多會從個性評斷：「這個人有著爲達目的不擇手段的個性。」「不擇手段」的說法完全是觀察者的偏見，無法分出面試者的能力優劣。

說起來，一個人的個性如何，本來就很曖昧。

假設所有人都異口同聲說「他的個性很開朗」。

看起來意見一致，但第一個人說的是好奇心、第二個人說的是心理學上的外向、第三個人說的是表現出來的氣質，說的是不同面向的「開朗」。

每個人評價的角度都不一樣。

如果是一人企業，由董事長親自面試、決定，或是個人選擇男女朋友、結婚對象，那還可行。但如果是組織層面的決策，評估一個人的個性，是完全不可靠的。

—專欄—

「沒有看人眼光」的誤解③ 覺得個性不適合

關於「沒有看人眼光」的問題，還有一個讓人逃避面對的理由。

那就是「個性」。

「我個性很害羞，很不擅長深入了解對方。」

「我不是那種馬上就能跟任何人熱絡起來的類型。」

有這些想法的人，認為安靜、內向的個性大為不利。

但這是大錯特錯的都市傳說。

事實上，內向的人，反而更能夠培養看人的眼光。

因為內向的人較可能客觀地看待自己和對方，傾向以分析的態度與人接觸，完全不會比那些馬上就能跟很多人混熟的外交型的人來得差。不對，應該說，大部分的情況下，內向型的人比那些人更會看人。

我以前任職的億康先達，顧問們平均每天要見三到四個人，而且每次對象都不同。

你以為接觸這麼多人的專家一定都很外向，但實際並非如此。

億康先達的顧問很多都是沉默寡言、善於深入思考的「內向型」的人。

也有一些很快成為人群焦點類型的人，但意外的，算是少數。

事實上，從全球員工心理測驗的結果來看，內向型的員工還是多一些。

我沒有那種天賦、我學不來、我不適合……

很不幸的，諸如此類的偏見、成見重疊在一起，讓人逃避面對自己「看人的眼光」。

我要大聲說，那樣真的太可惜了！

| 第 4 章 |

成爲識人高手

不要小看「量的力量」

我們的目標是成為「識人高手」。

我認為，「看人的眼光」不是「有或沒有」的問題，而是「如何提升」。

理想的終點是**「不用思考，就能以正確的方法識人」**。

因為我們不是只聽對方說的話，還有表情、動作、聲音大小等等，要在一瞬間讀取所有語言資訊、視覺資訊、聽覺資訊，做綜合評比。

沒有時間每個項目都細細思量。

專家獲得的資訊量是素人的十倍以上

舉個比較好懂的例子。

我從年輕時就是個足球迷，雖然沒踢過足球，但是非常喜歡看球賽。大概是老天的安排，我在三十一歲的時候成爲J聯賽神戶勝利船足球隊的董事。

我和三浦泰年先生一起共事，對我們這個年代的人來說，他是J聯賽草創時期的傳奇人物。我們會在球場的專用席看每一場比賽。

那個時候我才發現，當我眼睛忙著追著球跑時，泰年先生卻是立刻掌握後衛、候補球員、裁判的動向。

看同一場比賽，他獲得的資訊量卻是我的十倍以上。他是無意識地做這件事。

要做到這點，首先必須「有意識地看」，並且不斷重複，讓身體習慣。

專業的棒球打者，也不會在球到達的那一刻考慮揮棒的角度和方式。而是累積數萬次、甚至數十萬次的揮棒，然後才無意識地揮出全壘打。

獨當一面，需要一萬小時

那麼，要重複多少次的揮棒練習呢？

在運動的世界中，標準是**「獨當一面，需要一萬小時」**。

面試或面談也能達到一萬小時嗎？

光靠面試可能很難，我們可以把每次與人見面都包含在內。每天我們會跟朋友，或是職場的同事、客戶、家人等各式各樣的人見面。如果一天算五小時，兩千天（大概五年）就可以達到一萬小時。

當然，發呆的時間不能算進去。只要認真面對每一次相遇，任何人都可以達到一萬小時。

什麼是「認真」？

就是要思考。

例如，工作上與人發生爭執的時候，不要只是嘮叨著「那傢伙真可惡」就結束，要徹底思考「爲什麼不順利」「爲什麼和對方不合」「自己是不是有什麼沒做好的地方」等等。

另一方面，碰到優秀、出色的成功人士，則要養成觀察的習慣，觀察對方「到底哪裡厲害」「哪方面的潛力比較突出」，思考「相較之下，自己的程度又是如何」。

「鑑別」和「選擇」的差異

學習看人的眼光，有了一定水準之後，就會覺得「我好像滿會看人的」。但要是帶著「沒問題，都交給我！」的踢館心情面試，最後都會錄取到不符合期待的人選。

本來應該繼續追問下去的，卻認爲自己已經清楚而打住，因此漏看了本質的部分。

任何人都有可能掉入這樣的陷阱。

識人是學無止境的世界，不可能有打擊率一〇〇%這種事情，再好也只有七成，就算是專家也會有三成的失誤。以我自己來說，自信滿滿地介紹「這個人很好」的人選中，只有三成達到我認爲的成功標準，四成雖然未達標，但也算盡了

「鑑別」和「選擇」

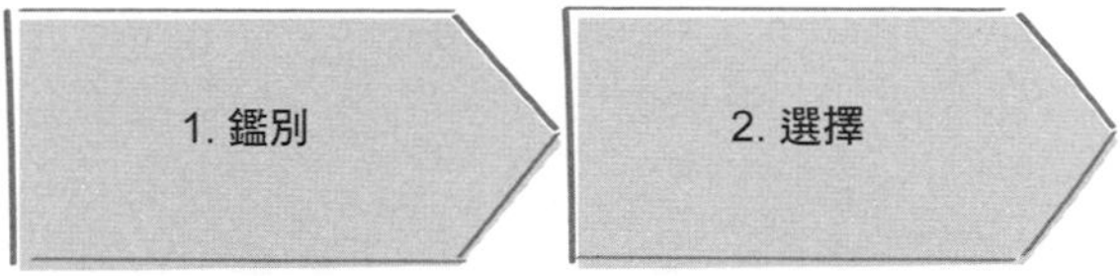

	1. 鑑別	2. 選擇
角色	・發現者	・發明者
心態	・中立偏悲觀的	・中立偏樂觀
大腦模式	・觀察模式	・想像模式
啟動流程	・收集與解析資料	・後設認知與匹配

圖17　「鑑別」和「選擇」

我的職責，剩下的三成則是令人失望。**因爲很多問題不是出在「鑑別」，而是「選擇」**。也就是說，雖然對方有能力，但是不適合這家公司或這個職位的適配性問題。

以棒球來比喻，就是球種和球路都看得很準，但是揮棒時卻沒有擊中球棒的甜蜜點。

圖17呈現「鑑別」和「選擇」的差異。識人這件事，要經過這兩階段才算完整。

人是一種「多元化系統」，這也是打擊率不可能一〇〇%的另一個理由。人的心思不是由一個部位主宰。

有些認知科學家認爲，人的思維是分

散式的。有一理論是說，人的思維是由腸道負責的！

此外，昆蟲就算失去頭部，碰到酸性液體，還是會搔癢，儘管已經沒有大腦了！

換句話說，除了腦神經以外，生物還有多元且複雜的傳達系統。談論人的思維，就像談論宇宙一樣難解，最後只能雙手一攤，認輸放棄。

因此，能夠完美看穿對方的能力和行動特質，以及適合的工作，只有神才辦得到。我們人只能做到七成的成功率。

我們必須懷抱謙虛與強烈的好奇心，了解自己的極限，同時，讓好奇心帶領我們超越極限。

寫不出來，就不算思考

那麼，自己看人的眼光是什麼水準？想要確實掌握自己的能力、不過度自信，最好的方法就是**寫下來**。

我在億康先達擔任獵才顧問的時候，針對每個人選都會寫十頁左右的報告，以便對客戶說明對方是怎樣的人。

將想法寫成文章，就會發現：「啊！這個部分沒問到。」「漏掉重點了。」因此凸顯出自己不足的地方。

另外，雖然是很久以前的事情，我剛進入埃森哲集團，還是新手顧問的時候，資深顧問三谷宏治先生（現任金澤工業大學虎之門研究所教授）像是念咒語一般，不斷跟我說：「寫不出來，就不算思考。」

爲了讓大家更容易想像，我舉個實例。

以下範例，是我在創投公司 GLOBIS CAPITAL PARTNERS 進行一小時的面談後，粗略寫下來的東西（經過修改，確保無法識別個人或組織）。

報告沒有特定格式，只是一個快速備忘，大概在二十分鐘內寫好。

當時的背景是 GLOBIS CAPITAL PARTNERS 投資的一家公司董事長提出請求：

「我們認爲他是非常優秀的財務主管人選。雖然想錄用他，但因爲這個職位非常重要，爲防萬一，想再次確認。您能否以主要投資人及專業人士的身分幫忙面試？」

希望這個範例能讓大家體會到「寫不出來，就不算思考」這句話的意義。

A先生簡易報告

二〇二二年△月△日十一點開始約一小時，以 Zoom 進行

撰寫人：GCP小野

①**財務長的經驗與技能：不完善**

◎在A公司主導資金調度，參與投資者溝通與整合。最終因加入公司前發生的問題，取消募資案。

◎在B公司的併購案中，A先生未將這視為個人的主要故事，推測他的參與度可能較低。

◎關於投資與併購實務，他是以C公司時期與投資基金等客戶合作的專案經驗為基礎。

◎因此，財務長的經驗與技能並不完善。判斷現階段未超越經營企畫、專案經理的水準。

②**領導能力：普通**

戰略導向：略高

◎能掌握並組織大局，具有如解謎般的問題分析和解決能力。在A公司從員工二十人發展到兩百人的過程中，展現了身為部門經理的全能優勢，帶領團隊前進。

成果導向：略低

◎成果導向不顯著，必須是自己認同的才會去做。如果是其他人訂的數字，就沒有動力。自認很難搞。

變革導向：普通

◎C公司之後的經驗就是一連串的「挑戰↓挫折」，但是過程中沒有看到他自己想要變革的事例。

◎對社會正義很執著，自認是「正直的人」。另一方面，他似乎沒有意識到自己有衝撞事物的傾向，這可能是因為自尊心的自我防衛機制。

③潛力：略高

好奇心：普通

◎似乎缺乏廣泛的興趣和關注，對於各式領域的探索沒有散發出強烈的能量。此外，未觀察到他有深入研究特定事物的跡象。可能因青春期都消耗在應付父母給的學業壓力，導致未培養好奇心。

洞察力：高

◎這是他的強項，是會舉一反三的類型。擅長從概念層面討論問題，發現不同事物之間的共通性。詢問相關問題時明顯感受到充沛能量。

決斷力：略低

◎詢問人生到目前為止有沒有遇過重大課題並克服的故事（成功體驗），僅提到準備考試的經驗，未有較大格局。

◎關於在C公司與執行長的衝突，雖然看似已能夠客觀面對，但是講到那段經歷時，看起來還是有很大的壓力（視線遊移、呼吸急促、講話變快）。

共鳴力：無法評價

◎因時間不夠，沒有詢問團隊管理方面，未完成評估。

④其他觀察

◎面談最後，詢問他的強項，他回答「懂得的人就會懂」，自我評價高，是否因此而傲慢，這一點想透過資歷查核驗證。

◎同樣有疑慮的是，面談時小孩跑進來，觀察到他馬上露出強硬的表情和反應，想驅趕小孩。

⑤ **總結**

◎ 綜合以上觀察，財務長的經驗、能力開發尚不成熟，但具備充分領導潛力。整體而言，要成為貴公司的高階主管尚有不足之處。請與其他應徵者比較後再慎重討論為宜。

◎ 比較在意的是，因為近幾年接連遭遇挫折，一直處於自我探索的狀態。看似做了大量的自我分析，但其實只停留在表面的認識，對於過去的失敗反思也相對薄弱。同時又感受到「別人對自己高度評價」的認知落差。未擺脫過去的成功經驗，這可能成為成長的阻礙。

一般人可能不需要寫這麼多，但如果你是面試官，寫好報告是基本功。就當為初次見面的人保留一份紀錄也好，日後回顧，就可以驗證自己識人的功力如何。

祕訣就在於，面談後要馬上寫下來。因爲那時候的資訊最多，也最新鮮。不需要想太多，一開始不用講究結構，把記得的部分仔細寫下來，感覺就像把資訊全部下載下來一樣。

當天晚上再來修改，一邊想著對方，一邊分析下載下來的資料：「可能是因爲這樣，他才會變成那樣……」

因爲剛見面不久，還有些興奮，無法冷靜判斷。

放一段時間之後，你得到的語言資訊、非語言資訊會區分成「訊號」和「噪音」，很像晚上睡覺時突然驚覺「啊！那個原來是這麼一回事！」的感覺。

「訊號」是判斷一個人非常重要的徵兆。「噪音」則是乍看很重要，但其實是枝微末節，無關一個人的本質。取捨之後，最終就可以歸納出那個人的實際形象。

附帶一提，**面試時不要錄音比較好。**錄音會讓對方有警戒心。再怎麼保證「絕對不會外流」，警戒心一旦啓動就很難解除，你也聽不到眞心話。

筆記也只要記數字或重要單詞、專有名詞，剩下的時間請專心面對眼前的

人。把你注意到的任何反應記錄下來，像是對某個問題的痛苦表情，或者是對某個問題的迴避或搪塞，用只有你自己看得懂的暗號或語詞寫下來。大腦就好好記下對方所說的內容。這樣做就不會失禮，也能專注在對方身上。

基於以上理由，我們必須在忘掉之前，先把資訊下載下來。

不了解自己，就無法看透他人

其實，磨練看人的眼光，有一個很好的素材。

那就是「自己」。

自己的心，正是了解他人的心最好的樣本。

察覺「不自覺的習慣」

我自己很不擅長「埋頭努力」的作業，像是肌肉鍛鍊、背單字這類不知道結果會如何的事情，對我來說，很難持續下去。

以前在神戶勝利船工作時，前輩叶屋宏一先生（現任ANGFA董事長）曾經訓誡我：「小野老弟，任何事情都必須花時間才行，踏實的累積是很重要的！」

我覺得很有道理，也試圖銘記在心，然而有一天，我突然決定辭去勝利船的職務。

之後回想，我發現有一部分的自己會不自覺地避免對立與紛爭。因爲「不自覺的意識」介入，我才決定辭職。

或許形式不同，但每個人應該都曾經察覺自己**「不自覺的習慣」**。

如果你沒有察覺並理解每個人都有一套行爲模式或思考模式會不自覺地介入，那麼你在觀察其他人的時候，就無法想像這些行爲模式或思考模式的存在，以及這套系統的深度。

因此，**平常就以自己爲研究對象，持續觀察非常重要。**

這個過程會讓你領會**「自己都無法完全了解自己，怎麼可能完全理解其他人」**，進而變得謙虛。這是磨練看人眼光非常重要的一點。

還有一點是，**不要遺漏對方「不自覺的反應」**。

假設有個人看起來跟我一樣不擅長埋頭努力，他說自己「以前確實是如此，但現在已經了解反覆學習的必要性」，我不會認眞看待這種說詞，因爲要改變不自覺的反應是很困難的。

難以改變的事情就會重複發生。

會重複發生的事情就能夠預測。

也就是說，磨練看人的眼光，不論對自己或對他人，都可以預測未來可能會怎麼做。

了解「自覺的偏誤」與「不自覺的偏誤」

想成爲識人高手，有一個更重要的課題，就是能消除多少「偏誤」。

第一步，我們要先知道偏誤的存在。

偏誤有**自覺的偏誤**與**不自覺的偏誤**。人心是多元的，有可以用語言說明的部分，也有無法用語言說明的部分，因此有自覺的偏誤和不自覺的偏誤。

所謂自覺的偏誤是指，**因爲不知道正確的資訊或事實，在歷史或社會的脈絡下被植入的成見。**

例如，非洲人都跑很快、講話慢的人都很笨，這些都是成見。這種因成見而導致的偏誤，大多出現在人種、性別、宗教、性取向、身心障礙、社會地位對立的時候。

這些大多是自覺的偏誤，只要獲得正確的資訊或知識就能夠消除。但也可能因爲有自覺，所以更有惡意，最典型的就是歧視。

另一方面，不自覺的偏誤在認知心理學和社會心理學的領域稱爲**「認知偏誤」**。根據研究，**「反正就是討厭」**或**「反正就是喜歡」**這類偏誤，多達一百七十五項，無法一一說明，在此就介紹幾個看人的時候容易產生的認知偏誤。

親近偏誤

因爲親近偏誤，我們會**對同類型的人的給予較高評價。**

舉例來說，前面介紹過潛能模型的四個因子「好奇心」「洞察力」「共鳴力」和「決斷力」。決斷力型的面試官，會偏愛同樣有決斷力的人，給他較高的評價。

順帶一提，我自己是好奇心型，也喜歡遇見同樣充滿好奇心的人。

這會流於個人喜好而不是單純的評價，因此面試時要特別留意。

相反的，我們對不同類型的人也會較嚴苛。

好奇心型的人對決斷力型的人沒有太多好感，我對mixi的笠原先生一開始並沒有好評，應該就是這個原因。

洞察型的人對共鳴型的人也不會有好評。他們各自的優缺點正好相反，就像磁鐵的N極與S極一樣。

月暈效應

舉例來說，我們會覺得社群網站粉絲數多的人很厲害、曾經出過書的人一定很聰明、名人推薦的店一定很美味，這類的成見就稱爲「月暈效應」。

面試時經常會遇到「我是董事長朋友某某人介紹」的狀況，要特別留意。我在創投公司工作，有時候也會介紹人才給投資對象，對方會因爲「小野先生介紹的一定沒問題」而完全信任，沒有親自確認就決定錄用。

這其實非常恐怖，如同前述，要看穿一個人的才能很難，而要判斷他是否適合公司更難。就算有人引介，至少要評估他適合哪個位置。

外貌偏誤

外貌偏誤的影響很大，特別是對異性。我們會覺得**俊男美女更有魅力**。放眼世界，我們會把任何東西都和「外表的美」混爲一談，比如運動世界的漂亮正妹、帥氣男神。

但我認爲，這在聘僱上並不完全是壞事。我們就是會被有魅力的人所吸引，這是人的本能。所以越有魅力的人，也越容易成功。

希望大家不要誤解，這不是只看外表的外貌主義。世界上也有一些人並不是典型的漂亮或帥氣，卻依然很有魅力。「美」也包含這樣的人物。

了解人的偏誤，你可以借力使力，只聘僱有魅力的人。業務等需要與人面對面的工作就不用說了，就算是在辦公室工作，有魅力的人，溝通也比較圓滑順暢。

當然，也有人只注重外表，缺乏性格魅力，這就不是眞正的美。我們需要有一種平衡感，可以冷靜地判斷美與魅力。

| 第 5 章 |

不踩雷的智慧

識別EVIL的重要性

這一章，我們要深入討論在第1章提及的「優秀但有害的人」。這個主題會讓人深刻地了解到「看人眼光」重要性。

「EVIL」這個英文單字是壞的、狡猾的、邪惡的、不幸的、不吉祥的意思。

爲什麼不乾脆說是「壞人」呢？是因爲我們從這個語詞中獲得的形象與「EVIL」的概念之間有著難以形容的差距。

很多人一聽到「壞人」，就會聯想到罪犯、違反道德規範的人。就連外表也是一眼就看得出來的「壞人臉」。

但是，**本章所說的EVIL，則是表面上看起來一副好人的模樣。**

沒有犯罪，也沒有違反道德規範，但是卻給旁人帶來極大的負面影響和危害。這種**「無自覺的惡意」**就是ＥＶＩＬ。這個部分非常敏感，我會慢慢說明。

爲什麼必須識別ＥＶＩＬ？

在說明ＥＶＩＬ的定義和分類之前，要先來談談爲什麼要了解ＥＶＩＬ的存在，而且要敬而遠之。

一言以蔽之，就是光靠「能力高低」來評斷是不夠的。

世界上有許多ＥＶＩＬ。不對，應該說占比不高，但是**對個人、公司和社會的影響卻很大。**

以公司來說，ＥＶＩＬ的存在，會影響周圍的人的表現、導致辭職、受到巨大傷害、留下心靈創傷，當中甚至還有受到刺激而走上絕路。偶爾也會看到這類的新聞報導。

優秀的ＥＶＩＬ，外表是看不出來的

看到這，有些人可能會有疑問。

這種邪惡，並且會造成傷害的人，會被自然淘汰掉吧？公司或群體難道不會排除這種人嗎？

這裡有一個陷阱。

請回想第1章「四種類型的人與應對方法」（圖18）。

這張圖也可以用來表示ＥＶＩＬ。

右側的「有害」就是ＥＶＩＬ，可以分爲「平凡的ＥＶＩＬ」和「優秀的ＥＶＩＬ」兩種類型。

平凡的ＥＶＩＬ言行舉止都會暴露出「壞人感」，容易辨識。發現之後，只要避開、排除，不要接近就好。面試的話，不要通過即可。

問題是**優秀的ＥＶＩＬ**。

因爲他們很優秀，不會輕易表露惡意，所以乍看之下會以爲是好人。

由於工作能力強，溝通能力也好，所以即便有受害者投訴，他們的主管往往會推拖：「他應該不會這樣。」「他績效很好啊。」「雖然發生很多事，但他很努力呀。」

因爲EVIL會帶來很多利益。營利組織對這樣的人很包容。的確，這種人績效很好，短期來說也能帶來利益。

但是**中長期來看，危害相當大。**

要恢復、彌補EVIL造成的損害（同事離職、違規行爲曝光而失去客戶和社會的信任），需要花費的時間與勞力，比EVIL帶來的利益要多上好幾倍。

喬治城大學教授克莉絲汀・波拉斯在《哈佛商業評論》上有一篇文章〈如何避免僱用有毒員工〉，文中表

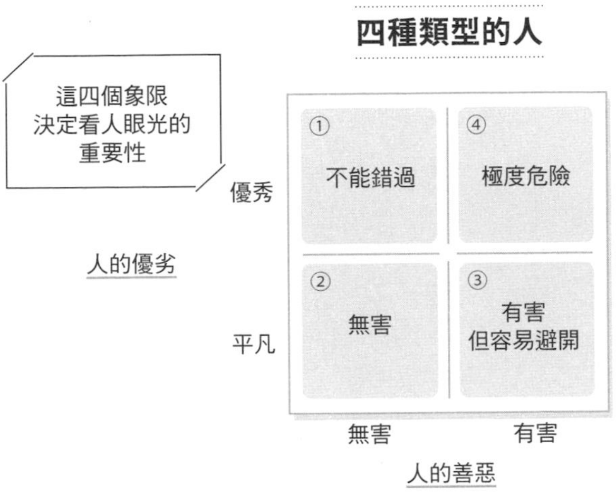

圖18　四種類型的人與應對方法

示，**一名EVIL員工能夠輕而易舉地摧毀超過兩名超級明星員工創造的利益。**

也就是說，你煞費苦心聘僱超級明星員工，兩、三人產出的價值，只要一個EVIL員工就可以抵消。他們直接造成的損失金額，相當於每年一百七十萬日圓（很想知道到底是如何算出來的）。如果把危害擴散、訴訟費用、從業人員士氣低落、客戶信心動搖等等其他潛在損害也考慮進來，損失金額更大。

很遺憾的，「優秀的EVIL」並不會消失，具有強烈成長導向、了解並利用這一點的組織也不會消失。

因此，本書要討論的是培養識別的能力，避免自己的公司，或是自己、部屬、朋友、家人受到傷害。

EVIL的典型：「優越型」和「自戀型」

首先來看EVIL的分類。

優秀的EVIL分為「優越型」和「自戀型」。

「優越型」會以威權控制對方，職權霸凌的主管就是典型之一。

「自戀型」則是自我意識過剩，會為了滿足一己私欲而把身邊的人都拉下水。要求「我一進辦公室，全體員工就要站起來說早安」的董事長就屬於這類型。

自戀型的行事作風一向如此，很好辨認出來。但是優越型的人會瞬間改變，更加需要警戒。

你的「精神病態程度」？

雖然兩者在表現方式上不同，但都屬於**「精神病態人格」**。

一提到精神病態，大家或許會聯想到希區考克的電影，或是《沉默的羔羊》的萊克特博士等異常犯罪者。

但那些屬於「反社會精神變態」。

事實上，還有一種適應社會的精神變態，稱爲**「社會化精神變態」**。

優秀的ＥＶＩＬ，很多都是社會化精神變態。

精神病態人格決定了一個人是不是ＥＶＩＬ，但也不是那麼單純。因爲精神病態人格不是有或無的二元論，而是取決於**程度**。

也就是說，每個人都有精神病態人格，只是某人的程度是四〇％、某人是九〇％。

「Levenson Self-Report」這份測驗可以測量精神變態程度，有公開在網路上，雖然只有英文版，有興趣的人可以去測看看（順道一提，我的測驗結果是四三％，有小小緊張了一下）。

Levenson Self-Report（免費）

https://openpsychometrics.org/tests/LSRP.php

識別精神變態人格的祕訣

然而，我們不可能請面試者去做精神變態人格測驗，而且，社會化精神變態的社會適應性良好，外表根本看不出來。

也就是說，要靠面試識別精神變態人格非常困難。

唯一可以做爲參考的是「眨眼次數」。根據研究，精神變態程度高的人，眨眼次數極少。

給人一種「爬蟲類」的感覺。

我之間在某家公司一起共事的外籍主管就是這種類型。面對面說話時，他幾乎不眨眼，當時就覺得「他好像蛇」。不過他也眞的十分優秀，智商是天才等級。他也是認爲自己高人一等，總是咄咄逼人。

這樣的人許多都**明顯欠缺同理心**。會毫不留情地對部屬說：「爲什麼做不到？你是白痴嗎？」才不管對方聽到這些話心裡會怎麼想。

雖然不像優越型的人有直接的攻擊性，但自戀型的人同樣也毫不顧慮他人的感受，會要求對方「說我很棒、很厲害」，強迫對方滿足自我意識。

這種人的精神變態程度很高。

優越型和自戀型都一樣。

識別優秀的ＥＶＩＬ的方法，除了給人爬蟲類的感覺之外，還有態度傲慢，這也是重要的依據。

但在面試這種場合，通常都會刻意表現，希望留下好印象，我們很難憑第一次見面的印象就辨識出傲慢的特質。傲慢的人只會在面對比自己弱勢的人時，才會表現出來。

不過，也不是沒有方法。

一個方法是請櫃台或祕書留意這些人私底下的態度。另一個是邀請對方用餐，看他對餐廳人員的態度。**跟自己講話的時候彬彬有禮，但是對服務生卻相當**

粗魯無禮，這種人就要特別注意。

以前曾經聽億康先達的德國前輩分享過他的做法。如果是重要聚餐，他都會選擇同一家餐廳，然請餐廳人員協助，看看當自己不在場時對方的態度如何（我想，他應該付了很可觀的小費）。

「太過優秀的面試者」也要注意。

「這麼優秀的人為什麼選擇我們公司？」「有這麼出色的成績，為什麼要接受這份工作？」如果出現這種違和感，請進行**「資歷查核」**。

所謂的資歷查核，也就是詢問前一份工作主管或同事的說法。「他已經逼走好幾個部屬了……」「他會強迫廠商招待……」或許會聽到在簡短面試中無法了解的事實。

「嗯～總覺得有那裡怪怪的……」

這或許是防衛本能發出的警告。

磨練看人的眼光，你的感受度也會慢慢提高。

注意突發性ＥＶＩＬ

ＥＶＩＬ很多都有精神變態人格，精神變態人格不是二元論，而是程度問題。也就是說，任何人都有ＥＶＩＬ的成分。

有些人平常看起來很正常，但是會突然變成ＥＶＩＬ。

這種就是**「突發性ＥＶＩＬ」**。

突發性ＥＶＩＬ的成因

突發性ＥＶＩＬ的成因是什麼？

那就是**壓力**。

工作遇到麻煩、交期逼近、高層施壓、要求已經超過自己的能力……當一個人精神上被逼入絕境時，就容易變成突發性ＥＶＩＬ。

如果能夠事前知道，就可以幫他分配工作、給予支持、減緩緊張，最差的情況，還可以逃跑。但就是因爲平常完全沒有跡象，要識別出突發性ＥＶＩＬ更加困難，就像無法預測的颱風一樣。

人有表裡兩面

「陰與陽」的概念在這裡是關鍵。

如同第2章所述，人類、社會、自然、宇宙等，全部都是由陰與陽所組成，這是東方思想中的代表性概念。人也有陰與陽兩面，平時是陽，有狀況時是陰。看到一個人的陽光面，也可以想像出他的陰暗面。

了解這種表裡一體的結構，就可以預測當表裡翻轉時，會發生什麼事。

這些模式彙整於圖19。

表裡一體的突發性EVIL

了解模式

- 保護自己的方法，就是了解陰陽模式。
- 平時具備某些特質的人，有狀況時可能會表現出令人不快的一面。

平時		有狀況時	
有強烈意識朝著目標邁進	・揭示願景 ・展示戰略 ・朝目標邁進 ・不確定下仍做出決定	操縱他人而引發問題	優越感 ・強迫別人 政治手段 ・耍手段橫奪豪取 ・踩著別人往上爬 做過頭 ・過度完美主義
有強烈意識建立更好的關係	・關心他人 ・提攜後進 ・團隊意識強烈 ・建立情感面的關係	依存他人而引發問題	想成為焦點 ・尋求自我價值認同 ・期待讚美 放棄 ・放棄權限不參與
有強烈意識建立應有的形象	・冷靜面對衝突 ・取得平衡 ・追求高道德 ・不掩飾錯誤	自我防衛而引發問題	保持距離 ・保持距離，建立安全地帶 有攻擊性 ・憤世嫉俗 ・自我中心 ・假裝忘記或偷懶

圖19　表裡一體的突發性EVIL

參考：The Leadership Circle

這個概念來自美國世界級的訓練機構 The Leadership Circle。原始模型像曼陀羅般，非常複雜，難以理解，想要全部了解，必須經過相當的訓練。

因此，我用自己的方式詮釋，並且總結爲簡單的圖表。

圖表左側是「平時的工作狀態與價值觀」，右側是「有狀況時的問題行爲」。

首先看左側的平時傾向，分爲**「目標導向型」「關係導向型」**，以及**「形象導向型」**。

當然，人不會只有一個面向，任何人都同時擁有「目標導向成分」「關係導向成分」「形象成分」。但是比例因人而異，是一個人價值觀優先順位的問題。

舉例來說，A先生的目標導向成分是二〇%，關係導向成分是六〇%，形象導向是二〇%。其中占比最大的，就可以說是這個人的性格和特質，因此A先生屬於「關係導向型」。

我們可以在面試或談話過程中辨識出這些類型。

重視人際關係的人，經常會提到「團隊」「身邊的人」「培育」「關心」。

詢問過去的成功經驗，會聽到「那時候大家團結一致，非常開心」之類的回答。

要做到完美。

這樣的人常常被認爲「很有工作能力」。

B型：有強烈意識建立更好的關係

這類型的人**當事情不順利的時候，會徹底轉變爲「依存」他人。**因爲他們希望自己是被喜愛的。

依存的方式有兩種，一種是說：「我很努力喔！」「我很厲害吧！」凸顯「我有在做事的感覺」。

如果壓力變得更大，這類型的人還會繼續變化，會反過來把工作都推到別人身上。

他們會說：「我不知道！」「不關我的事。」把責任推得一乾二淨。

這麼做的動機乍看之下很難理解。

這類型的人對人際關係異常執著，他們會說「不關我的事」，否認關係的存在，是爲了不破壞關係而採取的逃避行爲。

這稱爲「被動攻擊」，一種被動、消極，卻具有攻擊性的心理狀態。

C型：有強烈意識建立應有的形象

這類型的人常見於法務部門或管理部門，表現出強烈的道德感和控制欲。

當工作陷入困境，他們會試圖創造出安全地帶。不像B型人會把工作丟給別人，或是直接放棄，他們會說：「眞的要這麼做嗎？」「這有風險喔！」保持一定的距離，自我防衛。

他們希望隨時都能保持形象，如果主管是這種類型的人，部屬大概會很失望，覺得自己的主管怎麼這麼沒擔當。

如果只是保持距離也就罷了，當事態更嚴重時，他們還會突然攻擊，變得批評（「這樣做有成功的例子嗎？」）、優越（「那種事我做得可多了！」）、裝傻（「啊？我有說過嗎？」）、偷懶（「我突然不能去開會……」），造成其他人的困擾。

當這三種類型的人轉變爲突發性EVIL時，會非常麻煩。

更糟糕的是，**任何人都有可能是這三種類型之一。**

你是哪一種類型呢？

「閾値」是關鍵

看到這裡，大家覺得如何？

任何人都可能因爲突發性的ＥＶＩＬ而遭受損害。重點在於，我們要了解對方轉變爲突發性ＥＶＩＬ的「閾値」。

如果在面試或談話過程中發現徵兆，可以稍微花點時間往下挖掘：**「這種時候你都是這麼做的嗎？」「如果是你，會怎麼處理？」**

有一些概念之後，再進行資歷查核，詢問前一份工作的主管或同事，就可以確定這個人的類型和傾向。

重要的是，要從當時的情境脈絡與壓力程度進行評估。如果引爆點很低，一點點小事就可能引發ＥＶＩＬ行爲的人，當然要避開。

很多突發性的ＥＶＩＬ是看不出來的，大家也不必因此就失去信心。

「看人的眼光」本來就不是用來排除不利因子。而是事先察覺可能性，推定哪裡可能有「地雷」而已。

這麼一來，我們就有機會避開地雷，萬一不小心踩到，也能不慌張、不生氣，冷靜地應對。

當然，如果能避開地雷，那當然最好。

磨練看人的眼光，避開地雷，不管職場或家庭，都能過上安穩的人生。

—專欄—

找到自己都不認識的自己

要培養「看人的眼光」「識人的技術」並不容易。

在億康先達，每兩、三年就會召集全球同時期報到的員工，接受進階研習。把大家關在飯店裡一個星期，上各種訓練課程。雖然很有趣，但是也很要求精神和體力。

其中一個課程主題是「自我認識的擴張」。

學習評估他人的方法，最有效的，就是「評估自己」。

可以說，想了解他人，得先了解自己。需要經過訓練，才能夠真正進入一個人的深層領域。

深度剖析自己，需要極大的勇氣。當完成這項壯舉時，有些人會感動到哭了。

我記得有這麼一個團隊訓練。

首先要舉出自己的優點和缺點。

大致上，優點的反面就是缺點。

舉出自己的優點是「任何事都不輕言放棄」的人，缺點大多會說反面的「不懂得放棄」。

但是不斷重複之後，優點和缺點不一定都是一致的。十項優點中，可能有兩項本人並不覺得是缺點。

這就是一個信號，教練會往下挖掘：

「這兩項優點的反面，真的不是你的缺點嗎？」

被這麼一問，一開始還會回答：「真的不是。」

但如果連問好幾次，就會動搖：「嗯，好像真的是自己的缺點。」

接著再繼續追問：「為什麼會沒發現自己有這項缺點？」「為什麼不認為這是缺點？」

終於，記憶被喚醒……

小時候父親總是缺席，沒有受到照顧，一直覺得很寂寞。這些自己以為已經遺忘的經歷，其實還保留在記憶深處。

像這樣，在人才專家的協助之下，找到自己都不認識的自己。

| 第 6 章 |

職場選人的現況

迴避「扣分」的組織文化

日本企業已經很久不會對「人」冒險。

例如，在招募有經驗者這種重要時刻，一樣只用一張履歷表說明表面的事實，像是「哪個學校畢業」「曾經在哪家公司哪個部門工作」，就以此判斷與媒合。

沒有好好了解眼前的人，就便宜行事，以先前的經驗、技能和職缺的符合程度來選擇人才。

很多時候，不是面試官沒有看人的眼光，不懂得如何選擇人才。

而是我們的企業文化仍傾向於長期、穩定的僱用，使得面試官在選擇和決策的時候不願意冒險。

這並非個別面試官的問題，而是制度的問題，關於考核制度與獎勵制度的問題。

因爲制度不鼓勵「與眾不同」，員工潛意識中認爲，人事任命失敗的扣分，大於成功的加分。因此選才的時候，往往會選擇「感覺上比較安全」的人才。

這是一個極度厭惡自己做錯決定的社會。

很多公司都充斥著這種「扼殺創造力的組織氛圍」。

舉一個迴避扣分的組織氛圍的典型例子。

我曾經參加某日本大型企業的新商品行銷會議。最大主管的發言就占了八成，討論一點也不熱絡。

會議結束後，一名員工跟我說：

「在我們公司，開會時如果開口就輸了，默不出聲的人才會被重用。發表意見並採取行動，要是沒做出成績，之後在公司也就沒戲唱了。」

適應組織，這件事本身有一定的合理性，所以也不能責怪在這種企業工作的人會傾向迴避冒險。

這種迴避扣分的組織氛圍，也蔓延到人才的招募與晉用。

或許就是這種不願意對「人」冒險的態度，導致了日本社會的弱化。

企業爲什麼無法「狂野錄用」？

遺憾的是，在大部分的公司，需要很大的勇氣去聘用不成熟、但有潛力的人。

我稱之爲**「狂野錄用」**，並且極力推薦。

假設發行這本書的日本出版社 FOREST 要找有經驗的編輯。面試的時候，看到某個人選的履歷表，曾任職於某大知名出版社，編輯經驗豐富。

雖然不知道應徵者實際的工作能力，就認定「他曾經在那麼有名的大出版社工作過，應該沒問題」而錄用。

我無法否定這種判斷。

但他擁有什麼能力？爲什麼離開大公司？如果被看似安全的履歷表所吸引，

沒有深入去了解轉職的背景、動力的來源，就有可能會遺漏重要的部分。如果他眞的如你所預期，那已經是最好的結果。

另一方面，一個因熱愛偶像，自費出版好幾本同人誌的人來應徵，結果會如何？

他沒有出版社工作的經驗，但滿腔熱血。面試官從他的言談舉止中，感受到「可能具備編輯必備的資質和潛力」。

但是幾乎所有公司都不會錄取這種「未知」的人才。

儘管覺得這個人很有趣，但最後還是退縮了。

因爲沒有相關的「說法」和「邏輯」，可以說服主管爲什麼這個喜歡偶像的傢伙「可以當編輯」。

如果錄取他，要是之後表現未如預期，也沒辦法跟上頭交代，想到這一點就讓人裹足不前了。

沒有充分考量未來的可能性就放棄，這對公司、社會，當然還有個人，都是莫大的損失。

只憑直覺鑑別、選擇人才，如果沒有學習方法，無法說明自己的選擇，也無法眞的錄用。問題就在這。

組織本來應該更有活力、充滿多樣性。

相較於成熟、但開始枯竭的人才，企業能否吸引雖然經驗和能力還不成熟、但滿腔熱血的異數加入，或許正是使企業這個「人的組織」變得更有活力、更強大的關鍵。

競爭激烈的美國現況

美國的狀況有點不一樣。

有個說法是「美國夢」。

「美國夢」是構建美國這個多民族國家的精神基礎。建立一個自信地追求個人功利的社會，正是美國的信仰。

我從二〇一七年起的兩年間，每個月有一半的時間都待在洛杉磯。在那裡，我經常聽到類似小小美國夢的故事。

我要澄清，就某種意義上來說，美國是比日本更嚴重的競爭社會，美國的商業菁英就像是擁有職業合約的運動員，在那裡，學歷和經歷的影響，比日本更強烈。

實際上，美國有規模的公司，也很少進行大膽、有意外性的錄用，這一點與日本並沒有太大的區別。

不同的是，家族經營的中小企業，或是默默無名的新創公司，很風行狂野錄用。

加分的風氣，造就狂野錄用

來說個有點久遠，但是我印象很深刻的例子。

在美國某大型電視台日本分公司擔任執行長的美國人，跟我說了一個彷彿虛構般的眞實故事。

他大概在三十年前被邀請進入這家公司，當時公司規模還很小，而他還是個三十多歲的業務員。

那天，他休假參加跳傘活動。

一起參加活動的電視台執行長（當時是董事）突然提出邀約。

在回程的巴士上，對方說：「想邀請你來我們公司，這是我開的條件。」

沒有正式的面試。

這種驚奇的錄用或拔擢小故事，在美國屢見不鮮。

鼓勵冒險帶來的活力

這不是因爲「美國人看人的眼光比較準」「他們比較開明、想法先進」這種抽象的理由。

而是基於更功利、更美國作風、更直截了當的理由。

對於初次見面的人，誰都無法眞的確定他適不適合這份工作。

即便如此，依然錄用，恐怕是「聘僱這個人可能有話題性」「說不定被我押中，獎金就有指望了」之類「加分」的組織氛圍，讓他們勇於嘗試。

美國是一個**大肆鼓勵成功的社會。**

不幸的是，日本的情況恰恰相反，無論組織規模大小，在做有關人的決定時，都沒有「放手一搏」的動力。

總是迴避風險，放棄具有潛力的人才，公司也就無法實現超出預期的成長。

如果能以更多元的標準，找到具有各種才能的人，讓每個人在工作中施展才華、享受樂趣，這個世界會更加充滿活力。

爲此，我們需要培養看人的眼光與識人的技術，能夠正確地評估，並且有效地向他人說明，以及勇敢地做出決斷。

我相信這本書可以實現這一點。

「決策的速度」造成生產力的差異

日本在近二十年來，並沒有做出讓世界驚豔的產品或服務，國家整體生產力下降，落後於世界經濟。

義大利爲什麼生產力高？

很有意思的是義大利。

和日本一樣，義大利也沒有做出會讓世界驚豔的產品，經濟也沒有太大幅度的成長。但是，如果比較生產力指標，義大利遙遙領先日本。

我出社會六年後，曾到義大利米蘭博科尼大學的管理學研究所進修，在當地生活了兩年左右。

我實際感受到義大利人的優秀。

義大利人的「決斷力」非常出色。

講到義大利，往往讓人聯想到一個充滿「愛情」「歌唱」的世界。工作懶散、只會追漂亮女孩子，是對南義大利人的刻板印象，實際上，北義大利的菁英階層勤勉到神經質的程度，可以說比較接近德國、瑞士的形象。

義大利的勞動生產力是日本的一．三到一．五倍，而且勞動人口只占三八%，相較於日本的五〇%，只有四分之三的程度，人均差距更大。

這種差異來自何處？

我認爲和「決斷力」有關。

義大利人很愛辯論。課堂團體討論時，總是非常熱烈。

大家會不禁越講越多。

但是，當他們意識到「已經差不多了」，就會迅速彙整意見，結束話題。

他們會判斷時機，很快地決定什麼能做、什麼不能做。

經營者的煩惱，幾乎都是「人」的問題

在億康先達當獵才顧問的時代，很多企業的高階主管會來找我諮詢。他們在工作上的煩惱，幾乎都跟人有關。職位越高，在跟人有關的決策上，花費的時間與精力超乎大家的想像。

高階主管的晉用，對任何公司來說都是一件大事。

「要相信誰、把責任交給誰」「要淘汰誰」的決定，將影響公司的未來，所以責任非常重大。

公司的職位有限，越往上走，椅子越少，掉隊的人就越多。這種情況下，要晉用誰、淘汰誰，都必須慎重判斷。

「不知道他會不會背叛我……」「不知道他能不能委以重任……」心中充滿

猜忌的情況下，也無法好好帶領一家公司。

爲了更專注在經營上，應該適度地將用人的決策交給各層級主管。然而，要將這樣的決策交給他人，組織必須確立並共享「鑑別人才」和「選擇人才」的能力才行。

但大部分的企業，由於欠缺這方面的能力，讓管理階層在人事聘用上備感壓力。如果是經營管理階層的人事決策，不作爲或不適當的決策，可能導致企業衰弱。

懂得識人，讓企業持續成長

反過來說，有的企業憑藉著「鑑別人才」和「選擇人才」的能力，實現了持續且具威脅性的成長。

其中之一就是「瑞可利」這家企業。

我接觸過的經營者當中，現任董事長峰岸眞澄，對人的洞察力相當出色。

這可能是天生的，但也可能是受到了公司文化的薰陶，他從年輕的時候就不

「也太傲慢了吧！」
「培育比選人更重要吧！」

可能有讀者會這麼想。
也有經營者基於同樣的想法，挑戰「不選人」。
就是前面提到的 ZOZO 創辦人前澤友作。
前澤先生真心想把 ZOZO 打造成一個「任何人都可以加入的公司」。
他的想法是這樣的：

「經營者還選人，也太小家子氣了！男人就應該海納百川，擁有像宇宙一樣大的度量！」

每個人都可以在工作中感受到幸福和生活的意義。經營者就應該創造出這樣的環境，這是他的理念。

雖說如此，畢竟錄取的人數還是有限，不可能讓所有人都進公司。所以他曾經認眞考慮導入「猜拳錄用」。他的邏輯是猜拳很公平，沒有選人的問題。

最後是人資同事全力阻止才沒有實行。

「大膽錄用各種人才，並且接納他們，我想成爲這樣的經營者。適才適所，讓每個人發揮優點，就能成就一家好企業。」

這麼想的前澤先生，他的提案也是認眞的。

那麼，實際情況又是如何呢？

ZOZO 這個集團眞的很多元、很有個性，大家感情融洽，在工作上也積極展現專業。大家都對時尚有著高度的熱情，自然地聚集在一起，也算是實踐了前澤先生用人不拘經歷的想法。

錄用的標準只有一個。

那就是「好人」。

ZOZO 持續以這種方式招兵買馬，公司也運作得很順暢。

「不選人」，但結果還是選人

那麼，這是「不選人卻還是成功」的案例嗎？

並不是，恰好相反。

事實上，這是非常本質且有效的「選人」案例。

「好人」這個乍看之下不太認眞的最低標準，其實相當巧妙且精準地切中了「選人」的本質。

我來具體說明。

由於這是一個吸引「喜歡時尚」的人的事業，容易形成具文化契合度和相似價值觀的群體。這意味著，在面試之前，就已經經過了一定程度的篩選，不必太擔心契合度這方面的問題。

錄用標準是以此爲前提展開。

至於「好人」的標準，諸如笑臉迎人、給人感覺很好、有趣、努力、不說謊……等等，很難以資料數據呈現。雖然概念看似簡單，但其實出乎意料之外地豐富多樣，設計精巧。

想知道一個人是不是「好人」，學經歷並不重要。但撇除學經歷，才是一個人內在更深層的部分（如本書第2章所述）。換句話說，這會促使我們去識別一個人的潛力與原動力。

聽起來像是結果論，但我認爲，前澤先生就是以此爲目標。

這是一個非常有意思的案例。**一家拼命追求「不選人」的公司，實際上卻以非常本質化的方式在選人。**

我們總是把「選人」想得太複雜。面對麻煩事，人就會想轉身逃避。

但是像ZOZO一樣，有時候像個孩子般，用最質樸的視角，是面對「選人」並看透本質的有效手段。

培育很重要，但選人更重要

有位董事長以不招募應屆畢業生而聞名，他轉而投入金錢和時間，尋找年輕的轉職者。雖然不方便透露他的身分，但這位董事長曾經這麼告訴我：

「如果選到好人才，之後就算放任不管，他自己也會成長。這麼做，性價比更高。」

日本企業傳統上會花很多時間和心力培訓員工。因爲沒有像這位董事長那樣，選到「放任不管也會自己成長」的人才，只能努力培訓。所以培訓公司和企管顧問公司等訓練供應商都賺得盆滿缽滿。

這種「培訓至上主義」，以往在日本行得通。因爲在終身僱用制下，員工會幫公司工作一輩子，培育的成本總可以回收。

但現在這個時代就不適用了。

一方面是終身僱用制瓦解，再者，**隨著技術與潮流的快速更迭，養成知識的那一刻，就已經落後於時代。**

那還不如精準地挑選當下需要的人才，或是像這位董事長那樣，挑選會自己學習、成長的人才，更有效率。

我並不是要大家放棄培訓。

而是要仔細挑選培訓的對象。

總之先錄取，之後再靠培訓把程度拉上來的長期作戰方式，已經無法在這個以無形價值為導向的全球化社會中生存。

事實上，不斷壯大的矽谷公司，不僅重視入職員工的培訓，還大力投資於強化識人的能力。

我們應該正視這個現實，不應該因為認為「選人是傲慢的」，或者以「無法選擇」等理由逃避。

「識人」越來越重要的時代

對於閱讀至此的讀者，我想再次強調「識人」的重要性。

儘管看人的眼光、識人的技術是如此重要，然而，科學的、有系統的、多面向的解說書籍卻付之闕如。商業活動需要「人、物、錢」，但商業書籍談的都是「物」和「錢」，而沒有關於選人的使用說明書。

你以一張白紙的狀態踏進社會，開始工作，不久後，被告知要負責面試新人。你在沒有任何準備之下成爲面試官，面試時，也只會模仿別人詢問：「你爲什麼想來應徵本公司？」

以高爾夫來比喻，這就像是把一個完全沒有經驗、連握桿都不會的人推上場，只是簡單告訴他：「沒關係啦！只要球進洞就好。」他也只能按照自己的方式胡亂揮桿，跟著球跑來跑去。

更糟的是，高爾夫還可以練習，或是向同行的人請教，但是面試沒辦法。即使是「面試老手」，很多人的做法也是超級自我。

所謂「按照自己的方式」，就是缺乏反饋。沒有反饋，就不會成長。這樣眞的可以嗎？

相較於一百次不經思考的揮桿，十次經過深思熟慮且專注的練習，絕對有效。

「選人」不能只憑面試官的個人感受

記者或作家寫文章，原稿會經過編輯或前輩以紅筆修正。雖然不喜歡自信滿滿寫出來的文章被否定，但是接受反饋並改善，才能確實提高寫作能力。

但面試通常沒有類似「這種提問方式不行」「那邊應該再深入多問一點」「像這樣說明，對方才會容易理解」的反饋。

如前所述，今後，「選人」將成爲影響公司命運越來越重要的因素，在這樣

但是在接班人計畫這類重要的場合，就必須往下挖掘背後的動機。反抗權威的表現，背後的機制可能是他自己就是一個控制狂，需要掌控一切。諷刺的是，這樣的人一旦掌權，往往對權力很執著。

人是複雜的，我們不能從單一的發現，就斷定背後的機制。但如果還有其他數據的支持，某種程度上的確可以推定一個人的思考機制和行動傾向，甚至可以預測他未來的行動。

億康先達的報告上可能就會這麼寫：「他若成為董事長，風險是可能會攬權，疏遠身邊的人。」

專家會努力發現連本人都沒注意到的未來陷阱。

如何？

是一個非常深奧、有趣的世界吧！

當然，一般人沒有必要做到這個程度。不是每個人都需要開F1賽車。買輛家用車，不需經過嚴苛的訓練，一樣可以開車，享受駕駛的樂趣。

理解「識人」這件事存在科學的分析和方法，只要掌握正確的知識和技術，每個人都能提升這方面的能力。

相信，幸福的人生正等著我們。

| 終章 |

「識人的能力」帶來至高的喜悅

「自我揭露」的力量

到目前爲止，已經爲大家提供了成爲識人高手的方法，但對任何人來說，這都是一段艱難、有時令人沮喪的旅程。

我這麼努力，到底誰會看見？我的評價會改變嗎？如果有感覺到進步也就罷了，但自己努力的方向是正確的嗎？怎麼經常有種迷路走進死巷的感覺？

其實，我們想問的是：識人的能力，會爲我們帶來什麼好處？

這是涉及動機的問題，我想以此總結這本書。

以結論來說，識人的能力爲我們帶來最大的好處，就是**「碰觸到靈魂」**。

這是至高的喜悅。

觸碰到自己和他人的靈魂。

這是一般的面試無法達到的境界。

對於只經歷過「你爲什麼想來應徵我們公司？」這種面試問題的人來說，這些方法可能會讓人有點猶豫：「這樣問眞的可以嗎？」

實際上，公司進行面試，本來就有一定的風險，像是洩漏個資、侵害隱私等等，在現今是非常敏感的。

如果只是詢問小時候的興趣，那還無傷大雅。但是即便如此，也可能發展成「其實我曾經跟父親吵架，吵到離家出走」之類的敏感話題。

這樣的話，是不是應該早點結束這個話題？

答案是否定的。

關於個人人生的故事，正是深入了解對方眞正優點的絕佳機會。

不入虎穴焉得虎子。

如果沒有勇氣踏進去，就無法碰觸到對方的靈魂。

面試是「Give and Take」

要開啓私密對話世界的大門，有件事要留意。人與人之間是互相的，「要怎麼收穫，先那麼栽」，這也是爲商之道。也就是說，我們要先袒露自己丟臉、痛苦的回憶，才能夠開啓門扉，讓談話進入新的次元。

例如，想知道對方人生中最辛苦的事，開口就問：「你覺得最辛苦的是什麼？」也得不到核心的答案。

這樣問太輕率了，彷彿在問：「你昨天晚餐吃什麼？」

羅伯特．凱根教授在他的著作《變革抗拒》中詳細解釋了這一點。實際上，人的心具有免疫反應，會在無意識中阻擋試圖喚起某些記憶的刺激。

回想起痛苦的事，就會再次承受那份痛苦。爲了保護我們的心不受二次傷害，人往往無法輕易回想起眞正痛苦的事。反過來說，可以輕鬆提及的事，可能就不是特別痛苦的回憶。

我會這麼問：

「遇到困難你怎麼克服？我可以跟你聊聊這方面嗎？」

開場白結束後，我會接著說：

「我自己在前一家公司的後期最痛苦。當時我參與一項新事業，有很多不足之處，最後因爲公司方針，決定收掉。因此我必須解僱一起打拚的夥伴，有人甚至哭著離開，那眞的很痛心。」

「你呢？你會經在工作上遇過什麼樣的困難？」

「你的狀況又是如何？」

如果你不惜敞開心扉，自我揭露，對方也會覺得：「他都說了那麼多，我也應該回應……」

這種形式的自我揭露，也可以讓對方了解我們的個性和人格，加深人與人之間的信賴關係。

因此，想進入對方的內心深處，雖然像是繞遠路，但請先聊聊自己，讓彼此的心靈隔閡一層一層剝開。

在面試過程中，如果能做到這個程度，對方一定也會有強烈的共鳴：**「我想和這個人一起工作。」**

就結果而言，可以吸引到優秀的人才。

這就是自我揭露的力量。

靈魂共鳴的相遇

聽起來或許不可思議，但是，成爲識人高手，**與人面對面時，雙方的靈魂會在某瞬間完全同步。**

超越面試官與應徵者的立場，彼此有了深度交流，像是成爲人生夥伴的感覺。

那是一種觸電般的同步感受。

說得誇張一點，就是「靈魂一體的感受」。

一次一小時左右的面試，很難進展到這樣的關係，大概要經過好幾次的面談或餐敘，才會觸碰到彼此的靈魂。

情況就不一樣了。

你會在不了解一個人的狀況下就盲目地相信他嗎？

如果出了問題誰來負責？

這對個人和組織都是重大的損失。

再次強調，識人不是要挑剔、責難他人的缺點，也不是要排除缺點。**真正的目的是，冷靜地洞察對方的能力和潛力，抱持理性的期待，設計出適合他的工作並交付給他。**

從概念上來說，如果你知道對方某個潛力因子等級爲2，就不會期望他承擔等級需要超過3的職務，給予不必要的壓力。如果你知道對方另一個潛力因子等級爲4，那麼只要讓他發揮這項長處就行。

即使因爲某個潛力因子等級只有2，造成一部分的阻礙，但因爲知道他已經盡力，也能夠眞心地說出感謝：「你眞的很努力！」

不會有失望、焦躁、生氣的情緒。這樣不論組織或社會，都能夠保持平和。

了解潛力因子，有助團隊管理

「這個人的等級是5」「那個人的等級是8」，像這樣給人貼標籤，某種意義上就是將人分優劣。

但是，「齊頭式平等」的想法，只會增加工作現場的不愉快。

理所當然，每個人都有優點，都值得尊重，但是潛力和成長空間不一樣。目前的能力就有差異，立足點不一樣，那就不是大家一起努力，就能同時抵達終點線。

要管理團隊，提升團隊成果，只能提升每個人的動力，讓大家共同朝著一個目標前進。

祕訣在於，管理者必須按照以下流程，爲每個人量身訂製一套方法。

①洞察每個部屬的潛力。

②規畫每個人要發展哪方面的能力。

③交付適當的工作（可以適度幫助他成長）**。**

培養識人的能力，洞察每個人的潛力因子，管理團隊也會更加順利。

由於能夠精準識人，便能夠放心地交付工作。不會有不切實際的期望，也不會感到失望或生氣，工作環境會更加和平。

人們也會因此更加信任彼此，成為一個互信的社會。

以「沒有刻板印象」的世界爲目標

會看人，可以改變社會、改變世界。最後我想強調，這項技術應該運用在對的地方，絕對不能在黑暗面揮霍它的力量。

無論再怎麼鑽研，也不可能百分之百看透一個人。

即便如此，我們還是要不斷督促自己，持續自問自答：「這樣眞的對嗎？」「我有沒有看漏了什麼？」

這是識人的能力伴隨的責任與義務。

德蕾莎修女曾經說過：

「If you judge people, you have no time to love them.」

直譯爲：「如果你評斷他人，那你就沒有時間去愛他們。」

這句話我自己有不同的領悟。

針對「評斷」，我想再多說一些。

評斷他人，許多人做的就是「給評價」「貼標籤」，斷定「他是這樣的人」，然後就結束。

然而，**我們無法完美地評斷他人。無論你認爲自己看得多麼詳細、透徹，必然還是會有誤解或遺漏，不可能完全沒有偏見。**

而且，人會隨著時間變化、成長。

人不是齊頭式平等的，同時也不是恆定不變的。

如果沒有正視這個事實，就斷定：「他是這樣的人。好，結束！」那是多麼傲慢啊！

不管累積了多少經驗，認爲自己已經達到識人高手的水準，仍應該保持謙遜，知道自己永遠有不足之處。

所以德雷莎修女的那句話，我是這樣詮釋的：

「以刻板印象評斷他人，是距離愛最遙遠的行爲。」

我們應該這麼做：

不要以刻板印象評斷他人。
不要覺得自己已經看透一切。
不要關上你的好奇心。

我們應該好好地看眼前的人。
這樣我們才能「愛」一個人。

我們沒有像德蕾莎修女一樣的廣闊胸懷，能夠無條件地接納一切。但至少，我們可以謙虛地、眞摯地面對眼前的人。

這樣我們才能將識人的能力運用在對的地方。

繼續前進。

繼續愛。

良善的力量將充滿社會。

未來將充滿希望。

後記

直到幾天前，我才突然意識到，像我這樣一個馬虎、隨興的男人，居然寫起書來了！

我沒有什麼才能，如果硬要說有什麼過人之處，大概就是一些複雜的情結，以及毫無根據的自信。我想這就是全部。

我生長在愛知縣的一隅，與岐阜縣交界處、一個昭和時代開發的山城。還是小學生的我，經常爬上自家小房子的屋頂，茫然地思考：

「我要怎麼離開這裡？」

現在回想起來，我的前半生還真的是多采多姿，可以說是實現了我想冒險的心願。

我出社會後，擁有過的名片，正確的數量是十一家公司、十一張名片。

還走過一些亂七八糟的彎路。

三十多歲時特別辛苦。

因爲祖父和父親工作的關係，我從小就喜歡汽車。

我買的第一輛車，是豐田的休旅車，也是爲了幫在豐田當業務的爸爸做面子。

創業後，儘管公司一度快要撐不下去，但後來業績還不錯，我買了心心念念的紅色保時捷九一一。

但是，我心中還是有強烈的挫折感，以及想要追上前面的人的焦慮感。即便如此，三木谷浩史先生向我遞出橄欖枝，讓我有機會進入神戶勝利船工作。

不過，年輕氣盛的我，因爲跟三木谷先生理念衝撞而辭職。

接下來冒險進入新創公司並不順利，薪水回到社會新鮮人的水準，車子也換成FIAT Grande Punto（雖然很可愛）。車種的降級，對我來說是一大打擊。

孩子出生後，每天看著孩子熟睡的臉龐，我的想法慢慢轉變爲：「我得好好撫養這個孩子。」

什麼夢想、工作意義、不想輸給那個傢伙、想被稱讚……這類的渴望和尊嚴全都拋到九霄雲外，我只想著：「什麼工作最賺錢？」「怎樣才能爲孩子多存點錢？」我想了又想，找了又找。

那時候，我遇到了億康先達的獵才顧問工作。

也才有了這本書。

我想說的是，如果我們跟隨本能，而不是跟隨理智行動，人生可能會出現意料之外的戲劇性發展。當我拋開成就感和夢想這些虛無飄渺的東西，只看最實際的經濟面，我才終於能找到「自己擅長的工作」。

拋開成就感，就會獲得成就感。

捨棄夢想，就能夠擁有夢想。

就算我們用盡全力揮拳，力量也很有限。眞正的強大，是在一個人放鬆的時候。

放鬆，才獲得「識人的能力」。

我深信這是人生冒險帶給我的寶藏，也才有勇氣寫下這本書。

年輕的朋友們，如果願意聽我講幾句話，我想說的是：

「在撞到牆之前，用盡全力往前跑吧！如果撞到了牆，也要感謝！努力過後，就讓自己放鬆，之後一定會有好事發生。」

我不太喜歡「後記致謝」，總覺得有點自以爲是，忽視讀者，但我還是想藉這個機會表達。

像我這樣任性、衝動、自我中心的人，能一路走在光明坦途，沒有走上歧路，是因爲父母的教導，他們教我「待人絕對不能不公不義」，以及前輩和同事的指導，教我「對人要充滿熱情」。
感謝我摯愛的家人，對於我的任性，儘管感到無言，卻始終給予支持。
感謝這段旅途中遇到的每一個人，以及閱讀本書的所有讀者。
謝謝大家。

二〇二二年秋　小野壯彥

Eurasian Publishing Group
圓神出版事業機構
用心與你對話・視野無限寬廣
先覺出版社
Prophet Press

www.booklife.com.tw reader@mail.eurasian.com.tw

商戰系列 247

頂尖獵才公司的識人技術

無論工作、生活，只留對的人在身邊

作　　者／小野壯彥
譯　　者／張佳雯
發 行 人／簡志忠
出 版 者／先覺出版股份有限公司
地　　址／臺北市南京東路四段50號6樓之1
電　　話／（02）2579-6600・2579-8800・2570-3939
傳　　真／（02）2579-0338・2577-3220・2570-3636
副 社 長／陳秋月
副總編輯／李宛蓁
責任編輯／劉珈盈
校　　對／李宛蓁・劉珈盈
美術編輯／李家宜
行銷企畫／陳禹伶・黃惟儂
印務統籌／劉鳳剛・高榮祥
監　　印／高榮祥
排　　版／莊寶鈴
經 銷 商／叩應股份有限公司
郵撥帳號／ 18707239
法律顧問／圓神出版事業機構法律顧問　蕭雄淋律師
印　　刷／祥峰印刷廠
2024年8月　初版

定價 360 元　　ISBN 978-986-134-503-1　

培養「看人的眼光」，最大的好處不只是讓所屬組織變得更好，
更重要的是，我們可以讓自己變得更幸福。

——《頂尖獵才公司的識人技術》

國家圖書館出版品預行編目資料

頂尖獵才公司的識人技術：無論工作、生活，只留對的人在身邊／
小野壯彥著；張佳雯譯. -- 臺北市：先覺出版股份有限公司，2024.08
288 面；14.8×20.8公分 --（商戰系列；247）
譯自：経営×人材の超プロが教える 人を選ぶ技術
ISBN 978-986-134-503-1（平裝）
1. 人力資源管理　2. 僱傭管理　3.人才
494.3　113008711